쉽다
화학
01

쉽다 화학 **01** 원소와 원자

발행일	2024년 11월 4일		
지은이	이민주		
펴낸이	손형국		
펴낸곳	(주)북랩		
편집인	선일영	편집	김은수, 배진용, 김현아, 김다빈, 김부경
디자인	이현수, 김민하, 임진형, 안유경	제작	박기성, 구성우, 이창영, 배상진
마케팅	김회란, 박진관		
출판등록	2004. 12. 1(제2012-000051호)		
주소	서울특별시 금천구 가산디지털 1로 168, 우림라이온스밸리 B동 B111호, B113~115호		
홈페이지	www.book.co.kr		
전화번호	(02)2026-5777	팩스	(02)3159-9637

ISBN   979-11-7224-320-3 03430 (종이책)   979-11-7224-321-0 05430 (전자책)

(주)북랩 성공출판의 파트너

북랩 홈페이지와 패밀리 사이트에서 다양한 출판 솔루션을 만나 보세요!

홈페이지 book.co.kr • **블로그** blog.naver.com/essaybook • **출판문의** text@book.co.kr

---

작가 연락처 문의 ▸ ask.book.co.kr

작가 연락처는 개인정보이므로 북랩에서 알려드릴 수 없습니다.

**언어처럼
쉽게 익히는
화학이 쉬워지는 책**

쉽다
화학

01
원소와
원자

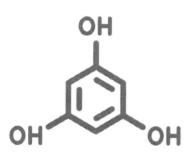

이민주 지음

★★★★
언어가 의사소통의 수단이라면,
화학은 물질 세계와 소통하는 언어를 배우는 것이다!

 북랩

들어가는 글

집필 동기

이 책은 '쉽다 화학 시리즈'의 첫 번째 책입니다. 이 시리즈는 고등학교에서 화학을 전혀 공부하지 않았거나, 충분히 학습하지 못한 상태에서 대학의 이공 분야에 진학한 학생들이 화학의 기초를 쉽고 빠르게 다질 수 있도록 기획되었습니다. 또한, 고등학생이나 화학에 관심이 있는 일반 성인 독자들도 기초 개념을 이해하는 데 큰 도움이 되기를 기대하며 집필했습니다.

저자가 30년 가까이 대학에서 학생들을 지도하면서 겪은 큰 어려움 중 하나는, 고등학교에서 문과를 전공했거나, 이과 출신이더라도 수능에서 화학을 선택하지 않은 학생들을 가르치는 일이었습니다. 이러한 학생들은 대학 1학년 때까지 화학에 대한 기초를 제대로 닦아 놓지 않으면, 이후 대학 4년 내내 전공 학습에 어려움을 겪거나 전공 공부를 포기하다시피 하는 경우가 많았습니다. 이는 저자뿐만 아니라 많은 이공계 교수들이 공통적으로 느끼는 고충입니다. 하지만 교수들이 겪는 어려움이 아무리 크다 한들, 어찌 학생들이 느끼는 학업적 좌절감에 비할 수 있겠습니까?

이러한 문제를 해결하기 위해 저자는 대학 신입생들과 고등학교에서 화학을 처음 접하는 학생들이 화학을 보다 쉽고 재미있게 배울 수 있는 방법에 대해 오랫동안 고민해왔습니다. 저자는 대학의 이공계 신입생들과 '과학영재교육원'의 어린 학생들을 지도한 경험을 통해, 화학을 언어의 관점에서 설명할 때, 학생들의 흥미가 높아지고 이해도 더 쉽게 한다는 사실을 깨달았습니다.

이러한 경험을 바탕으로 저자는 2013년에 『화학: 변화를 다루는 언어』라는 책을 집필했고, 2018년에는 개정판을 출간했습니다. 이 책은 대학 1학년생을 위한 강의 교재로 사용되어 좋은 성과를 거두었지만, 강의 없이 독학으로 학습하는 데는 한계가 있었습니다. 이에 저자는 독자가 강의 없이 책만으로도 화학의 기초 개념과 지식을 충분히 익힐 수 있도록 해야겠다는 신념을 가지고, 오랜 숙고 끝에 이번 시리즈를 기획하고 집필하게 되었습니다.

이 책의 구성

이 책은 '쉽다 화학 시리즈'의 첫 번째 책으로, '원소와 원자'를 주제로 하고 있습니다. 이 주제를 첫 번째로 선정한 이유는, '원소와 원자'가 '화학 언어'에서 문자에 해당하기 때문입니다. 마치 우리가 한글을 배울 때 'ㄱ, ㄴ, ㄷ' 같은 자음과 'ㅏ, ㅑ, ㅓ'와 같은 모음으로 구성된 문자를 가장 먼저 익히는 것처럼, 화학에서도 'H, He, Li'와 같은 원소 기호로 표기되는 문자에 해당하는 원소와 원자를 가장 먼저 익혀야 그 다음 단계를 이해할 수 있고, 나머지 화학 공부도 쉬워지기 때문입니다.

이 책은 시리즈의 첫 번째 책인 만큼, 본격적인 화학 내용을 다루기에 앞서 '0. 화학 공부 어떻게 해야 하나'를 첫 번째 장으로 배치했습니다. 이 장에서는 화학이란 무엇인지 정의하고, 화학을 공부하는 올바른 순서를 제시했습니다. 이를 통해 학습자가 화학의 전체적인 틀을 이해하며 체계적으로 접근할 수 있도록 돕고자 했습니다.

이 책은 총 6개의 장으로 구성되어 있습니다. 각 장의 제목은 다음과 같습니다. '0. 화학 공부, 어떻게 해야 하나', '1. 원소 기호', '2. 원자 구조', '3. 원소의 주기율표', '4. 원소의 성질과 반응성', 그리고 '5. 전체 요약'입니다. '5. 전체 요약'을 제외하고 각 장은 3에서 6개의 절로 나뉘며, 각 절의 제목은 일반적인 화학 교재들과 달리 서술형으로 구성되어 있습니다. 이를 통해, 제목만 보아도 해당 절의 핵심 내용을 쉽게 파악할 수 있게 했습니다. 여러분은 이 책을 공부하는 동안뿐만 아니라 공부를 마친 후에도 책의 차례만으로 전체 내용을 예습하거나 복습하는 효과를 얻을 수 있을 것입니다.

감사의 글

무엇보다 먼저, 이 책을 쓰도록 동기를 부여해 준 국립창원대학교 화학과의 제자들과 과학영재교육원 화학반 학생들에게 감사의 뜻을 전합니다. 그들이 없었다면 이 책은 세상에 나오지 않았을 것입니다. 또한, 이 책의 출판을 맡아 주신 ㈜북랩 출판사의 손형국 사장님과 모든 직원분께도 진심으로 감사드립니다.

2024년 10월

이민주

minjoolee303@gmail.com

| 차 례 |

0
화학 공부, 어떻게 해야 하나

'어떤 것을 배우고 있는데 어렵게 느껴진다면, 문제는 배우는 사람에게 있는 것이 아니라 가르치는 사람에게 있다'라는 말이 있습니다. 화학 공부에서도 이 원칙이 적용될 수 있습니다. 만약 화학 공부를 처음 시작했을 때 어렵게 느껴졌거나, 고등학교 시절 화학을 포기한 경험이 있다면(일명 '화포자'), 이는 당신이 아니라, 가르치는 사람에게 문제가 있었을 가능성이 큽니다.

하지만, 화학 공부에 있어 이 문제는 그렇게 단순하지 않습니다. 너무나 많은 학생들이 '화포자'가 되고 있기 때문입니다. 많은 학생들이 화학이라면 고개를 좌우로 흔들며 손사래를 치는 것을 보면, 단순히 교사들의 문제라고만 볼 수는 없습니다. 오히려 화학 학습 방법 자체에 근본적인 문제가 있다고 봐야 할 것입니다.

그렇다면, 무엇이 화학 공부를 어렵게 하는 것일까요? 결론부터 말하자면, 화학을 처음 접하는 학생들이 화학을 어렵게 느끼는 이유는, 화학의 큰 그림을 제시하지 않고 지엽적인 화학적 현상과 세부 지식만을 전달하는 데 급급한 교육 방식과 그러한 방식에 맞춰진 교재들에 있다고 할 수 있습니다. 이는 마치 산의 지형적 특성과 등산로를 가르쳐주지 않고, 그저 산에 아름다운 꽃과 나무가 있으니 무작정 산으로 들어가라고 하는 것과 같습니다. 초보자가 이처럼 무작정 산에 들어간다면 길을 잃고 조난자가 되는 것은 불을 보듯 뻔한 일입니다.

모든 분야의 공부가 그렇지만, 특히 화학 공부는 전체적인 틀을 보는 것에서부터 시작해야 합니다. 그렇지 않으면 '화포자'가 되는 것은 순식간에 일어날 수 있습니다. 반대로, 화학이라는 큰 틀을 보고 그에 맞춰 차근차근 공부한다면, '화포자'가 되는 일은 없을 뿐만 아니라 오히려 공부하는 즐거움이 밀려올 것입니다. 이제, 화학의 큰 틀은 어떻게 생겼는지, 그리고 화학이라는 산을 오르는 등산로는 어떻게 구성되어 있는지 함께 살펴보겠습니다.

0.1
화학은 물질의 변화를 다루는 학문이다

화학은 무엇을 공부하는 학문일까요? 화학을 한자로 표기하면 化學입니다. 여기에서 '化'는 '될 화(化)'이고, '學'은 '배울 학(學)'입니다. 따라서, 화학(化學)이라는 단어에는 '무엇이 무엇으로 되느냐를 배우는 학문'이라는 의미를 담고 있습니다. 국어 사전에서는 화학을 "모든 물질[1]의 조성(組成)과 성질 및 이들 상호 간의 작용을 연구하는 자연 과학의 한 부문[2]"이라고 정의합니다. 하지만 이 정의는 다소 이해하기 어렵습니다. 따라서, 이 정의는 잠시 접어두고 화학이 무엇인지를 생각해 보겠습니다.

화학은 영어로는 Chemistry라고 합니다. 이 단어는 르네상스 시대의 연금술을 뜻하는 Alchemy에서 유래했습니다. 연금술은 납과 같은 값싼 물질을 금처럼 값비싼 물질로 변환하고자 하는 기술이었습니다. 즉, 물질 간 변환을 추구하던 연금술이 현대 화학(Chemistry)의 출발점이 된 것입니다.

이러한 배경과 사전적 정의를 바탕으로, 화학은 다음과 같이 정의될 수 있습니다.

화학은 물질의 조성과 성질을 기반으로 하여 그 변화를 다루는 학문이다.

---

1) 우리 말에서 '물질'은 재산과 재물 또는 유형의 물체를 만드는 재료를 말하기도 하고, 모든 물체를 형성하는 본질로서 물질을 말하기도 한다. 영어로 재료로서 물질은 'material'이라고 하며, 물체를 형성하는 본질로서 물질은 'matter'라고 한다. 'Matter'로서의 물질은 공간을 차지하고(즉, 부피를 가지며) 질량을 갖는 모든 것을 말한다. 여기서 질량은 '물질의 양(amount of matter)'을 줄인 말로, 영어로는 'mass'라고 한다.

2) 한컴 사전

이 정의는 화학을 제대로 이해하고 공부하기 위해서는 단순히 물질의 변화뿐만 아니라, 물질이 어떻게 구성되어 있으며 어떤 성질을 가지고 있는지를 이해하는 것이 필수적임을 의미합니다.

따라서 우리는 화학이라는 큰 산은 '물질 변화'를 다루는 산임을 알 수 있습니다. 이 산에 오르기 위해서는 그 산을 구성하는 요소들, 그들의 성질, 그리고 그들이 어떻게 변화하는지를 알아야 합니다. 이렇게 접근할 때, 화학이라는 산은 어렵지 않게 정복할 수 있습니다.

연습 0.1 화학은 무엇을 하는 학문인가?

0.2
물질의 변화는 '화학 언어'를 사용해서 다룬다

우리는 흔히 공부를 단순히 지식을 쌓는 과정으로 생각하기 쉽습니다. 이런 생각에 매몰되어 지식을 쌓는 데 급급하다 보면, 지식 습득 그 자체가 공부의 목적이라고 착각하게 될 수 있습니다. 그러나 지식을 쌓는 것은 수단이지, 목적이 아닙니다. 그렇다면 우리에게 지식은 왜 필요하며, 우리는 무엇을 위해 지식을 습득하는 것일까요? 예를 들어, 영어 공부를 한다면 영어를 왜 배우는 것일까요? 이 질문에 대한 대답은 누구나 쉽게 할 수 있을 것입니다. 영어학자나 영문학자가 되려는 것이 아닌 대부분의 사람들은 영어를 사용하는 사람들과 대화하고, 영어로 쓰인 글을 읽고 이해하며, 자신의 생각을 영어로 표현하기 위해 영어를 배운다고 대답할 것입니다. 즉, 영어 공부의 궁극적인 목적은 영어를 사용하는 다른 사람과 영어로 소통하는 것입니다.

화학을 공부하는 이유와 목적도 이와 다르지 않습니다. 화학을 공부하는 목적은 화학을 이해하고, 물질계에서 일어나는 다양한 화학적 현상에 대해 다른 사람과 소통하기 위해서입니다. 즉, **물질계에서 일어나는 화학적 현상을 표현하는 말과 글을 이해하고 막힘없이 사용함으로써 화학을 하는 다른 사람과 소통하기 위함**입니다.

그렇다면, 화학에서 소통의 수단으로 사용하는 것은 무엇일까요? 우리가 잘 알고 있듯이, 인류가 개발한 가장 좋은 소통 수단은 언어입니다. 화학도 마찬가지로, 일상 언어처럼 화학을 위해 개발한 '화학 언어'를 사용하여 소통합니다. 따라서 **화학 공부의 시작은 이 '화학 언어'를 배우는 것에서 출발**합니다.

'화학 언어'는 일상 언어처럼 기본 문자, 단어, 그리고 문장으로 구성됩니다. 예를 들어, 한글의 자음(ㄱ, ㄴ, ㄷ, …)과 모음(ㅏ, ㅑ, ㅓ, …), 영어의 알파벳(A, B, C, …, a, b, c, …)처럼, 화학에서는 **'원소 기호(Symbol of Element)'**가 기본 문자에 해당합니다. 기본 문자들인 원소 기호들이 조합을 이루어 형성되는 것이 **'화학식(Chemical Formula)'**으로 이것이 화학에서 '화학 단어'에 해당합니다. 마지막으로, 이러한 화학식들이 문장 형식에 맞추어 배열되어, 화학적 변화에 대한 완전한 의미를 표현하는 것이 **'화학 반응식 (Chemical Equation)'**입니다. 화학 반응식은 '화학 문장'에 해당하며, 화학적 변화를 나타내는 중요한 표현 방식입니다.

따라서 일상 언어와 화학 언어의 구성 요소를 비교하면 〈표 0.1〉과 같습니다.

표 0.1 일상 언어와 화학 언어 비교

요소	한글	영어	화학
문자	자음과 모음 ㄱ, ㄴ, ㄷ, … ㅏ, ㅑ, ㅓ, …	알파벳 A, B, C, …, a, b, c, …	원소 기호 Li, Na, K, H, O, F, Cl, …
단어	수소, 산소, 물, …	Hydrogen, Oxygen, Water, …	화학식 H_2, O_2, H_2O, …
문장	수소와 산소가 반응하여 물이 된다.	Hydrogen and oxygen react to form water.	화학 반응식 $H_2 + O_2 \rightarrow H_2O$

연습 0.2 다음 빈칸에 '화학 언어'에서 언어 요소에 해당하는 명칭을 쓰시오.

문자	단어	문장

0.3
화학을 공부하는 순서는
일상 언어를 배우는 순서와 같다

위에서 화학 공부는 '화학 언어'를 배우는 것이라고 했습니다. '화학 언어'는 일상 언어에서 문자에 해당하는 '원소 기호', 단어에 해당하는 '화학식', 문장에 해당하는 '화학 반응식'으로 구성된다고 했습니다. 그렇다면, 이들을 어떤 순서로 공부해야 할까요?

어떤 언어이든지 글과 함께 배울 때, 어떤 순서로 배웠는지 생각해 보십시오. 우리가 영어를 배울 때 어떤 순서로 배웠나요? 알파벳을 읽고 쓰는 것부터 시작했을 것입니다. 또 여러분이 외국인에게 한글을 가르친다면 어떤 순서로 가르칠까요? 아마도 가장 먼저 한글의 자음과 모음 24자를 가르치고, 그 다음에 자음과 모음이 결합된 단어를, 마지막으로 그 단어들을 사용해 문장으로 표현하는 것을 가르칠 것입니다.

'화학 언어'를 배우는 순서도 영어나 한글을 배우는 순서와 다르지 않습니다. 화학에서도 영어의 알파벳과 한글의 자음과 모음에 해당하는 원소 기호를 가장 먼저 배우고, 이어서 원소 기호가 조합되어 화학식이 만들어지는 원리를 배웁니다. 그리고 마지막으로 화학식들을 문장 형식에 맞추어 배열하는 화학 반응식을 배우면 됩니다.

따라서, 화학을 효과적이며 체계적으로 학습하려면 다음과 같은 순서로 공부하는 것이 좋습니다.

<화학 공부 순서>

원소 기호(화학 문자) → 화학식(화학 단어) → 화학 반응식(화학 문장)

연습 0.3 다음 괄호 안에 효과적으로 화학을 공부 하는 순서를 차례대로 쓰시오.

(   ) → (   ) → (   )

1

원소 기호

한글의 기본이 되는 문자는 자음 14개와 모음 10개로 구성되어 총 24자가 있습니다. 영어의 알파벳(이하 알파벳)은 26자인데 대문자와 소문자가 있어 실제 문자의 총수는 52개입니다. 그리고 화학에서 사용하는 문자는 원소 기호라고 하는데, 현재 118개가 있습니다. 화학에서는 한글이나 영어와 마찬가지로 이 118개의 문자를 조합해서 화학식이라는 단어를 만들어 세상에 존재하는 모든 화학적 물질(material)을 나타내는 데 사용합니다. 따라서, 화학을 공부하려면 반드시 이 화학 문자인 원소 기호를 자유자재로 쓸 수 있도록 익혀 놓아야 합니다. 그렇다면 이런 질문을 할 수 있습니다. 영어 알파벳 26자를 익히는데도 애를 먹었는데 원소 기호 118개를 어떻게 외우라는 말이냐? 걱정하지 마십시오. 118개를 다 외울 필요는 없습니다. 화학을 공부하는 데 자주 나오는 24개만 외우면 됩니다. 나머지는 필요할 때 '원소의 주기율표(이하 주기율표)'나 원소를 정리해 놓은 표를 찾아보면 됩니다.[3]

---

3) 대부분의 화학 책은 언제든지 쉽게 원소 기호를 찾아볼 수 있도록 책의 앞면 또는 뒷면 속지에 주기율표를 넣어 놓는다. 이 책에서는 앞면 속지에 주기율표를 넣어 놓았다. 책의 앞 표지를 넘기면 주기율표가 바로 나오도록 배치해 놓은 것이다. 그리고 뒷면 속지에는 원소명, 원소 기호, 원자 번호를 원소명 순으로 정리한 표를 넣어 놓았다. 원소명을 가지고 원소 기호나 원자 번호를 알고 싶으면 이 표를 활용하면 된다.

1.1
24개 원소 기호는 반드시 외워야 한다

118개 원소 기호 중에 왜 24개만 외우면 되는 것일까요? 그리고 외워야 하는 것과 외우지 않아도 되는 것은 무엇을 기준으로 나뉘는 것일까요? 여러분은 태어나서 지금까지 수없이 많은 사람을 만났을 겁니다. 그렇게 만난 많은 사람들의 이름을 모두 외우고 있나요? 그렇지 않을 겁니다. 극히 일부의 이름만 외우고 있을 겁니다. "그 일부는 누구인가요?"라고 물으면, 아마도 이런 대답을 할 것입니다. "나하고 친한 사람, 내가 좋아하는 사람, 내가 거의 매일 만나는 사람, …". 그렇다면 이 사람들의 이름은 왜 외우고 있는 것일까요? 그것은 너무나 자주 이름을 불러야 하기 때문에 외우고 있는 것이, 외우지 않고 만날 때마다 이름을 찾아보는 것보다 훨씬 편하고 유용하기 때문일 겁니다. 거꾸로 말하면, 자주 부를 필요가 없는 이름은 굳이 외워 둘 필요가 없다는 말입니다. 이런 이름은 외워도 막상 그 사람을 만났을 때 기억이 나지 않을 터니까요.

원소의 경우도 마찬가지입니다. 118가지 원소 중 반드시 외우고 있어야 하는 것은 화학 공부를 하는 동안은 물론이고 일상생활에서도 자주 반복적으로 만나게 되는 원소들입니다. 그렇지 않은 것들은 굳이 외울 필요가 없고, 어쩌다 한번 보게 되면 그때 주기율표를 찾아서 확인하면 됩니다. 이렇게 자주 만나게 되어 외워 두어야 편한 원소가 24가지입니다. 이 24가지 원소는 〈표 1.1〉과 같습니다.

〈표 1.1〉에서 외워야 할 원소 24가지를 왼쪽 편에 12개, 오른쪽 편에 12개씩 나누어 정리해 놓았습니다. 이렇게 24가지 원소를 12개씩 두 개의 그룹으로 나누어 놓으

표 1.1 암기해야 할 원소 24가지(1)[4]

연번	원소명	기호	원자 번호	연번	원소명	기호	원자 번호
1	수소	H	1	13	질소	N	7
2	리튬	Li	3	14	인	P	15
3	나트륨	Na	11	15	비소	As	33
4	칼륨	K	19	16	산소	O	8
5	베릴륨	Be	4	17	황	S	16
6	마그네슘	Mg	12	18	불소	F	9
7	칼슘	Ca	20	19	염소	Cl	17
8	붕소	B	5	20	브롬	Br	35
9	알루미늄	Al	13	21	요오드	I	53
10	탄소	C	6	22	헬륨	He	2
11	규소	Si	14	23	네온	Ne	10
12	게르마늄	Ge	32	24	아르곤	Ar	18

면 원소명을 외우는 데 매우 편리합니다. <표 1.1>의 원소명에서 첫 글자만을 떼어내면 다음과 같습니다.

수리나칼베마칼, 붕알탄규게
질인비산황, 불염브요헬네아

위의 총 24자를 12자씩 두 그룹으로 나누면, 각 12자는 다시 (7 + 5)와 (5 + 7)자로 나눌 수 있습니다. 이렇게 24가지 원소를 (7 + 5) + (5 + 7)개로 구성하면 쉽게 외울 수 있습니다. 우리는 국사를 공부할 때 조선시대 임금명을 '태정태세문단세, 예성연중인명선, …' 하면서 7자씩 끊어서 운율에 맞춰 외웁니다. 24개 원소명도 이와 같이 운율에 맞춰 외우면 단숨에 외울 수 있습니다. 조선시대 임금명을 외울 때와 다른 점

---

4)　원소명은 국어 사전에 등재된 이름을 따랐다.

은 조선시대 임금명은 칠언율시의 운율인 '7-7-7- …'에 맞춰 외웠다면, 24가지 원소명은 칠언율시와 오언율시의 운율을 혼합하여 '7-5-5-7'의 운율에 맞춰 외운다는 점입니다. 다음을 '7-5-5-7'의 운율에 맞춰 4행으로 된 시조 하나를 외운다는 느낌으로 소리 내어 읽어보십시오. 소리 내어 반복해서 외워 보십시오. 5분 이내에 모두 외울 수 있을 겁니다.

수리나칼 베마칼

붕알 탄규게

질인비 산황

불염브요 헬네아

연습 1.1 다음 괄호 안에 위에서 외운 원소명 24개의 첫 글자를 '7-5-5-7'개로 그룹 지어 써 넣으시오.

(   )
(   )
(   )
(   )

위에서 언급된 24개 원소명을 모두 외웠다면, 이제 우리가 알아야 할 것은 이 원소들이 주기율표에서 어디에 배치되어 있는지입니다. 주기율표에서 이들 원소만을 나타내면 〈표 1.2〉와 같습니다.

표 1.2 암기해야 할 원소 24가지(2).

	1	2	13	14	15	16	17	18
	1A	2A	3A	4A	5A	6A	7A	8A
1	수소							헬륨
2	리튬	베릴륨	붕소	탄소	질소	산소	불소	네온
3	나트륨	마그네슘	알루미늄	규소	인	황	염소	아르곤
4	칼륨	칼슘		게르마늄	비소		브롬	
5							요오드	

〈표 1.2〉를 보면, 앞에서 외운 24개 원소명이 왼쪽 첫 번째 열부터 위에서 아래로 배치되어 있는 것을 볼 수 있습니다. 원소를 외울 때는 이렇게 왼쪽 맨 위에 있는 '수소'에서 시작해 오른쪽 맨 아래의 '아르곤'까지 위에서 아래로 내려가며 순차적으로 외우는 것이 좋습니다. 이는 우리가 한글을 배울 때 자음과 모음을 구분해 자음 먼저, 모음 나중에 익혔던 것과 같은 원리입니다. 한글에서 자음과 모음을 구분해서 익힌 후 '자음 + 모음' 형식으로 철자하여 단어를 만드는 것처럼, 화학에서도 자음에 해당하는 것을 먼저, 모음에 해당하는 것을 나중에 익혀야 화학 단어인 화학식을 만들 때 올바르게 작성할 수 있게 됩니다.[5]

화학에서는 자음에 해당하는 원소를 '**금속(metal)**', 모음에 해당하는 원소를 '**비금속(nonmetal)**'이라고 합니다. 그리고 원소에는 한글과 달리 자음과 모음의 중간적인 성질을 갖는 '**준금속(metalloid)**'이라는 것도 있습니다. 따라서 〈표 1.2〉에 금속, 준금속, 비금속을 각각 진한 회색, 연한 회색, 흰색으로 구분해서 나타내면 〈표 1.3〉과 같아집니다.

---

5) 일부 선생님들이 화학 원소를 외우게 할 때, 원자 번호 1번부터 20번까지 원자 번호 순서대로 외우게 하는 것을 많이 본다. 이렇게 외우는 것이 무의미하다고 할 수는 없으나, 그 활용성은 매우 떨어진다. 이렇게 외우게 되면 반드시 외워야 할 원자 번호 20번을 넘는 원소들(게르마늄, 비소, 브롬, 요오드)이 빠지게 될 뿐만 아니라, 자음과 모음을 구분하지 않고 뒤섞어서 외우는 것이 되어 화학식을 작성할 때 전혀 도움이 되지 않는다.

표 1.3 암기해야 할 24가지 원소들의 성질.

■ 금속   ▦ 준금속   □ 비금속

	1 1A	2 2A	13 3A	14 4A	15 5A	16 6A	17 7A	18 8A
1	수소							헬륨
2	리튬	베릴륨	붕소	탄소	질소	산소	불소	네온
3	나트륨	마그네슘	알루미늄	규소	인	황	염소	아르곤
4	칼륨	칼슘		게르마늄	비소		브롬	
5							요오드	

　〈표 1.3〉을 보면 1(1A)족인 리튬부터 13(3A)족인 알루미늄까지는 금속 원소이고, 14(4A)족인 탄소부터 18(8A)족인 아르곤까지는 주로 비금속 원소임을 알 수 있습니다. 다만 1족 원소 중 수소는 비금속이며, 13~15족 원소 중에는 붕소부터 대각선으로 이어지는 규소, 게르마늄, 비소가 준금속임을 명심하기만 하면 됩니다.

　이로써 우리는 반드시 외워야 할 24개 원소명을 모두 익히게 되었습니다. 이제 우리가 해야 할 일은 하나만 남았습니다. 그것은 이들 24가지 원소를 화학 문자인 원소 기호로 쓰는 것입니다. 〈표 1.3〉의 24가지 원소들에 대해 그에 해당하는 원소 기호로 나타내면 〈표 1.4〉와 같이 됩니다. 여러분은 위에서 암기한 '24 원소 4행 시조'를 암송하며 빈 종이에 〈표 1.4〉와 같은 형태로 원소 기호를 몇 차례 반복해서 써넣어 보십시오. 〈표 1.4〉가 여러분 머릿속에서 완전하게 그려진다면, 여러분은 '화학 도사'가 될 준비를 완벽하게 갖추게 된 것입니다.

표 1.4 원소 기호로 나타낸 암기해야 할 24가지 원소.

| 금속 | 준금속 | 비금속 |

	1 1A	2 2A	13 3A	14 4A	15 5A	16 6A	17 7A	18 8A
1	H							He
2	Li	Be	B	C	N	O	F	Ne
3	Na	Mg	Al	Si	P	S	Cl	Ar
4	K	Ca		Ge	As		Br	
5							I	

연습 1.2 다음 표의 빈칸에 위에서 외운 24가지 원소를 적합한 위치에 원소 기호로 써넣으시오.

	1 1A	2 2A	13 3A	14 4A	15 5A	16 6A	17 7A	18 8A
1								
2								
3								
4								
5								

1.2
원소 기호는 어떻게 만들어졌을까

여러분은 위에서 수소는 H, 리튬은 Li와 같이 알파벳을 사용해서 원소를 기호로 나타내는 것을 보았습니다. 그리고 이러한 원소 기호가 화학을 공부하는 데 가장 기본이 되는 '화학 문자'임도 알았습니다. 그러면, 원소 기호는 어떤 원칙에 입각해서 만들어 진 것일까요?

원소 기호는 원소를 나타내는 기준 이름의 알파벳 머리글자(initial)를 따서 만드는 것을 원칙으로 합니다. 예를 들면, 수소를 나타내는 원소 기호 'H'는 'Hydrogen'의 머리글자, 탄소의 원소 기호 'C'는 'Carbon'의 머리글자, 산소의 원소 기호 'O'는 'Oxygen'의 머리글자를 따서 만들었습니다. 그러나 알파벳 26자만으로 118가지의 원소를 다 나타내는 것은 불가능합니다. 그래서 수소(Hydrogen)와 헬륨(Helium)처럼 머리글자가 서로 같은 원소의 경우에는, 첫 번째 원소는 머리글자를 사용하고, 두 번째 원소부터는 두 자까지 허용해서 원소 기호로 사용합니다.

이와 같은 원소 기호를 만드는 원칙은 다음과 같이 정리할 수 있습니다.

1. 원소 기준명의 머리글자를 대문자로 하여 그 원소의 원소 기호로 한다.

(예)

원소	기준명	기호
수소	Hydrogen	H
탄소	Carbon	C
붕소	Boron	B
산소	Oxygen	O

2. 머리글자가 이미 다른 원소의 원소 기호로 사용된 경우, 두 개의 알파벳 문자를 사용하여 원소 기호로 하고, 두 번째 문자는 소문자로 표기한다.

(예)

원소	원자 번호	기준명	기호
탄소	6	Carbon	C
염소	17	Chlorine	Cl
칼슘	20	Calcium	Ca
카드뮴	48	Cadmium	Cd

이 원칙에 따라 118가지 원소 모두에 대해 만들어진 원소 기호는 〈표 1.5〉와 같습니다.

표 1.5 118가지 원소의 원자 번호, 원소명, 원소 기호.

번호	원소명*	기호	번호	원소명*	기호	번호	원소명*	기호
1	수소	H	6	탄소	C	11	나트륨	Na
2	헬륨	He	7	질소	N	12	마그네슘	Mg
3	리튬	Li	8	산소	O	13	알루미늄	Al
4	베릴륨	Be	9	불소	F	14	규소	Si
5	붕소	B	10	네온	Ne	15	인	P

표 1.5 (계속)

번호	원소명*	기호	번호	원소명*	기호	번호	원소명*	기호
16	황	S	47	은	Ag	78	백금	Pt
17	염소	Cl	48	카드뮴	Cd	79	금	Au
18	아르곤	Ar	49	인듐	In	80	수은	Hg
19	칼륨	K	50	주석	Sn	81	탈륨	Tl
20	칼슘	Ca	51	안티몬	Sb	82	납	Pb
21	스칸듐	Sc	52	텔루르	Te	83	비스무트	Bi
22	티탄	Ti	53	요오드	I	84	폴로늄	Po
23	바나듐	V	54	크세논	Xe	85	아스타틴	At
24	크롬	Cr	55	세슘	Cs	86	라돈	Rn
25	망간	Mn	56	바륨	Ba	87	프랑슘	Fr
26	철	Fe	57	란탄	La	88	라듐	Ra
27	코발트	Co	58	세륨	Ce	89	악티늄	Ac
28	니켈	Ni	59	프라세오디뮴	Pr	90	토륨	Th
29	구리	Cu	60	네오디뮴	Nd	91	프로탁티늄	Pa
30	아연	Zn	61	프로메튬	Pm	92	우라늄	U
31	갈륨	Ga	62	사마륨	Sm	93	넵투늄	Np
32	게르마늄	Ge	63	유로퓸	Eu	94	플루토늄	Pu
33	비소	As	64	가돌리늄	Gd	95	아메리슘	Am
34	셀렌	Se	65	테르븀	Tb	96	퀴륨	Cm
35	브롬	Br	66	디스프로슘	Dy	97	버클륨	Bk
36	크립톤	Kr	67	홀뮴	Ho	98	캘리포늄	Cf
37	루비듐	Rb	68	어븀	Er	99	아인슈타이늄	Es
38	스트론튬	Sr	69	툴륨	Tm	100	페르뮴	Fm
39	이트륨	Y	70	이터븀	Yb	101	멘델레븀	Md
40	지르코늄	Zr	71	루테튬	Lu	102	노벨륨	No
41	니오브	Nb	72	하프늄	Hf	103	로렌슘	Lr
42	몰리브덴	Mo	73	탄탈룸	Ta	104	러더포듐	Rf
43	테크네튬	Tc	74	텅스텐	W	105	더브늄	Db
44	루테늄	Ru	75	레늄	Re	106	시보귬	Sg
45	로듐	Rh	76	오스뮴	Os	107	보륨	Bh
46	팔라듐	Pd	77	이리듐	Ir	108	하슘	Hs

표 1.5 (계속)

번호	원소명*	기호	번호	원소명*	기호	번호	원소명*	기호
109	마이트너륨	Mt	113	니호늄	Nh	117	테네신	Ts
110	다름슈타튬	Ds	114	플레로븀	Fl	118	오가네손	Og
111	뢴트게늄	Rg	115	모스코븀	Mc			
112	코페르니슘	Cn	116	리버모륨	Lv			

* 국어 사전에 등재된 원소명.

그러나, 여기에서 주의해야 할 점이 있습니다. 원소 기호의 근원이 된 기준명이 대부분은 영문명과 동일하나 일부는 영문명과 다르다는 점입니다. 기준명은 다양한 언어로부터 유래했습니다. 고대로부터 알려진 원소명의 대부분은 고대 그리스어나 라틴어에서 유래했고, 영어 원소명도 상당수가 그리스어나 라틴어를 어원으로 함으로 기준명과 영어명이 대부분 동일합니다. 일부 영어명과 원소의 기준명이 다른 것은 〈표 1.6〉에 정리해 놓았습니다. 영어로 된 문헌을 보게 될 때 참고하기 바랍니다. 118가지 원소 전체에 대한 영어명은 이 책의 뒷면 속지에 정리해 놓았습니다.

표 1.6 원소 기호 기준명과 영어명이 다른 원소.

원자 번호	원소 기호	원소명		
		기준명	영문명	국문명
11	Na	Natrium	Sodium	나트륨
19	K	Kalium	Potassium	칼륨
26	Fe	Ferrum	Iron	철
29	Cu	Cuprum	Copper	구리
47	Ag	Argentum	Silver	은
50	Sn	Stannum	Tin	주석
51	Sb	Stibium	Antimony	안티몬
74	W	Wolfram	Tungsten	텅스텐
79	Au	Aurum	Gold	금
80	Hg	Hydragyrum	Mercury	수은
82	Pb	Plumbum	Lead	납

1.3
금속 원소는 자음이 되고, 비금속 원소는 모음이 된다

<1.1절>에서 암기해야 할 24가지 원소 중 일부는 금속으로 자음이 되고, 일부는 비금속으로 모음이 된다고 했습니다. 그리고 준금속은 <표 1.3>과 <표 1.4>에서 보듯이 금속과 비금속이 만나는 경계선에 위치하는 원소임을 보았습니다. 왜 금속은 자음이 되고, 비금속은 모음이 되는 것일까요? 그리고 준금속은 어떤 역할을 하는 것일까요?

모든 사물은 양(陽, +)의 성질을 가지는 것과 음(陰, -)의 성질을 가지는 것, 그리고 음과 양이 합해져서 중간의 성질을 가지는 것으로 구성되어 있습니다. 이와 같은 사물의 기본 성질에 따라 양성을 나타내는 원소를 금속, 음성을 나타내는 원소를 비금속, 중성으로 때로는 양성 때로는 음성을 나타내는 원소를 준금속이라고 합니다(금속이 왜 양성이고, 비금속이 왜 음성인지는 <4.3절>을 참조하기 바랍니다).[6] 문자도 마찬가지입니다. 문자도 양성인 문자와 음성인 문자가 있습니다. 문자에서는 양성인 것을 자음(子音), 음성인 것을 모음(母音)이라고 합니다. 따라서 음양의 성질과 원소 및 한글 문자와의 관계를 정리하면, <표 1.7>과 같이 됩니다.

---

6) 준금속은 때로는 양성(금속), 때로는 음성(비금속)의 역할을 하여 과거에는 '양쪽성 원소'라고 했다.

표 1.7 음양 성질과 원소 및 문자 관계.

음양	원소	문자
양(+)	금속	자음
음(−)	비금속	모음
중	준금속	−

118가지 원소를 금속, 비금속, 준금속으로 분류하면, 〈표 1.8〉과 같이 됩니다. 〈표 1.8〉에서 보듯이 원소는 금속이 92가지, 비금속이 19가지, 준금속이 7가지입니다. 그러므로 118개 원소 기호 중 자음의 역할을 하는 것이 92개이고, 모음의 역할을 하는 것이 19개, 경우에 따라 자음 또는 모음의 역할을 하는 것이 7개가 있음을 알 수 있습니다. 물론 우리가 암기해야 하는 원소 24가지 중에는 자음의 역할을 하는 금속이 7가지, 모음의 역할을 하는 비금속이 12가지, 그리고 양쪽의 성질을 갖는 준금속이 4가지 있습니다.

표 1.8 118가지 원소의 금속, 비금속, 준금속성.

	1 (1A)	2 (2A)	3 (3B)	4 (4B)	5 (5B)	6 (6B)	7 (7B)	8	9 (8B)
1	H								
2	Li	Be							
3	Na	Mg							
4	K	Ca	Sc	Ti	V	Cr	Mn	Fe	Co
5	Rb	Sr	Y	Zr	Nb	Mo	Tc	Ru	Rh
6	Cs	Ba	란탄족	Hf	Ta	W	Re	Os	Ir
7	Fr	Ra	악티늄족	Rf	Db	Sg	Bh	Hs	Mt

금속 · 준금속 · 비금속

란탄족	La	Ce	Pr	Nd	Pm	Sm	Eu	Gd
악티늄족	Ac	Th	Pa	U	Np	Pu	Am	Cm

			13 (3A)	14 (4A)	15 (5A)	16 (6A)	17 (7A)	18 (8A)
								He
10	11 (9B)	12 (10B)	B	C	N	O	F	Ne
			Al	Si	P	S	Cl	Ar
Ni	Cu	Zn	Ga	Ge	As	Se	Br	Kr
Pd	Ag	Cd	In	Sn	Sb	Te	I	Xe
Pt	Au	Hg	Tl	Pb	Bi	Po	At	Rn
Ds	Rg	Cn	Nh	Fl	Mc	Lv	Ts	Og

Tb	Dy	Ho	Er	Tm	Yb	Lu
Bk	Cf	Es	Fm	Md	No	Lr

1.3 다음 원소를 금속, 비금속, 준금속으로 분류하시오.

(1) 수소   (2) 베릴륨

(3) 붕소   (4) 탄소

(5) 요오드   (6) 아르곤

(7) 알루미늄   (8) 황

1.4 다음 원소를 금속, 비금속, 준금속으로 분류하시오.

(1) Li   (2) Ge   (3) F

(4) He   (5) Mg   (6) Si

(7) N   (8) Br

1.5 다음 원소를 금속, 비금속, 준금속으로 분류하시오.

(1) Na   (2) Ne   (3) O

(4) K   (5) P   (6) Cl

(7) Ca   (8) As

2
원자 구조

〈1. 원소 기호〉에서 금속 원소는 자음이 되고, 비금속 원소는 모음이 된다고 했습니다. 그렇다면 왜 금속은 자음이 되고 비금속은 모음이 되는 것일까요? 왜 어떤 원소는 금속이 되고, 어떤 원소는 비금속이 되는 것일까요? 이러한 의문은 오랫동안 물리학자와 화학자들에게 지대한 관심사였습니다. 이러한 관심은 원자라는 개념을 이끌어 냈고, 원자 구조에 대한 탐구로 이어졌습니다. 그 결과 우리는 원자 구조를 통해 원소의 성질을 이해할 수 있게 되었습니다. 따라서, 원소의 성질을 이해하고 화학적 변화를 다루기 위해서는(즉, 화학 문자를 막힘없이 올바르게 사용하려면) 원자 구조를 잘 알고 있어야 합니다. 이것이 우리가 원자 구조를 공부하는 이유입니다.

2.1
원소와 원자는 같은 듯 다르다

'원소'와 '원자'라는 말은 우리말에서는 단어가 비슷해서 많이 헷갈려 합니다. 그러나 영어로 쓰면 원소는 'Element'이고, 원자는 'Atom'으로 단어상으로도 분명하게 다르다는 것을 알 수 있습니다. 영한사전을 찾아보면, Element는 '요소, 성분, 원소'로 번역되고, Atom은 '미분자(微分子, 작게 나눈 입자), 원자'로 번역됩니다. 또한 국어사전에서 원소(元素)는 "모든 물질을 구성하는 기본적 요소로, 가장 간단한 성분"으로 정의하고 있으며, 원자(原子)는 "물질을 구성하는 기본적 입자, 각 원소의 특성을 잃지 않는 범위에서 가장 작은 미립자"라고 정의하고 있습니다.[7] 그러므로 **원소는 어떤 물질의 고유한 성질을 나타내는 기본 요소**를 지칭하며, 현재까지 알려진 것은 118가지가 있습니다. 그러나 **원자는 물질을 이루는 원소의 성질을 지니고 있는 매우 작은 입자**를 지칭하는 말로, 그 수는 무한대입니다.

이와 같이 원소와 원자가 분명하게 다름에도 불구하고 원소와 원자를 혼동하는 것은 그 이름과 기호를 공용하기 때문일 겁니다. 예를 들면, 염소의 경우 원소명은 '염소'이고, 기호는 'Cl'입니다. 그리고 원자명은 '염소 원자'이고, 기호로는 'Cl 원자'이지만, 일상적으로는 줄여서 '염소', 'Cl'로 부릅니다. 이렇게 원소와 원자에 대한 이름과 기호를 명확하게 구분하지 않고 사용하다 보니, 원소와 원자를 뒤섞어서 사용하는 경우가 많이 발생합니다. 원소를 말하는 것이 아니라 원자를 말하는 것이라면, 원소명 뒤에 '원자'라는 말을 붙여서 원소와 원자를 분명하게 구분해서 사용할 필요가 있습니다.

---

7) 한컴사전

2.2
원소는 원자들로 이루어져 있다

원소는 물질의 요소를 지칭하는 말이므로 그 물질의 크기와 질량 및 개수와 상관없이 사용하는 말입니다. 1 kg의 금 덩어리도 금이고, 이것을 잘게 쪼개 1/1000로 나눈 1 g의 금 조각도 여전히 금입니다. 그렇다면 이렇게 계속 쪼개 나갈 때, 언제까지 금이 금의 성질을 잃지 않고 금으로 존재할까요? 원소는 계속해서 잘게 쪼개면 어느 시점에서 그 성질을 잃게 됩니다. 한 원소가 잘게 쪼갰을 때 그 성질을 잃지 않고 그 원소로 존재하는 가장 작은 알갱이를 '**원자(atom)**[8]'라고 합니다. 따라서 '원소'는 원자 1개 이상이 모여 있는 집합체입니다. 이러한 원소와 원자와의 관계를 정리해 놓은 것이 1808년에 돌턴(Dalton, J.)[9]이 제시한 원자론입니다. 돌턴이 제시한 원자론은 다음과 같습니다.

---

8) 'atom'이라는 용어는 고대 그리스어 *a-tomos*(*a-*: 부정, 반대; *tomos*: 쪼갬)에서 온 것으로 '더 이상 나눌 수 없는'이라는 뜻을 가지고 있다.
9) 돌턴(John Dalton, 1766~1844): 영국의 화학자이자 물리학자, 기상학자이다. 원자론, 배수 비례의 법칙, 분압 법칙을 연구했고, 색각 이상으로 색각 이상에 대한 연구도 했다.

돌턴의 원자론(Dalton's Atomic Theory)

1. 물질의 기본 요소(원소)는 원자라는 작은 입자로 이루어져 있다.
2. 한 원소의 원자는 크기, 질량, 화학적 성질이 모두 동일하다.
3. 한 원소의 원자는 다른 원소의 원자들과 질량 등 물리적 성질이 다르다.
4. 원자들은 서로 결합하여 화합물을 만들고, 화합물은 원소들 사이의 정수비로 구성되어 있다.
5. 화학 반응은 원자의 분리, 결합, 재배열만을 의미하며, 원자는 화학 반응에 의해 생성되거나 소멸되지 않는다.

돌턴의 원자론이 탄생하게 된 배경

물질을 이루는 기본 입자로 원자를 최초로 생각한 사람은 B. C. 450년경 그리스의 철학자 데모크리토스(Democritos)[10]와 레우키포스(Leúkippos)[11]로 알려져 있습니다. 이들은 "물질은 원자로 구성되어 있으며 그 사이는 빈 공간이다. 원자는 단단하고 균일하며, 더 이상 쪼갤 수 없고 변화시킬 수 없다."고 주장했습니다. 이러한 주장은 현대에 이르러 보일(Boyle, R.)[12]에 의해 받아들여졌고, 라부아지에(Lavoisier, A.L.)[13], 프

---

10) 데모크리토스(Democritos): 소크라테스와 거의 비슷한 시기에 활동한 것으로 알려진 고대 그리스의 철학자이다. 그의 철학 사상은 물질주의에 입각한 원자론으로 유명하다.
11) 레우키포스(Leúkippos): 고대 그리스의 철학자로 그의 제자 데모크리토스와 함께 원자론을 연구했다.
12) 보일(Robert Boyle, 1627~1691): 영국의 자연철학자, 화학자, 물리학자이다. 근대 화학의 기초를 세운 것으로 평가된다. 보일의 법칙으로 널리 알려져 있다.
13) 라부아지에(Antoine-Laurent de Lavoisier, 1743~1794): 프랑스의 화학자이다. 연소에 대한 새로운 이론으로 화학을 크게 발전시켰고, 질량 보존 법칙을 확립하고 원소와 화합물을 구분하여 근대 화합물의 명명법에 대한 기초를 닦았다.

루스트(Proust, J. L.)[14], 돌턴 등에 의해 뒷받침되었습니다.

라부아지에는 여러 화학 반응에 대해 반응 전후의 질량을 정밀하게 측정해 본 결과, 반응 전과 반응 후에 질량이 변하지 않는다는 사실을 발견했습니다. 이는, 예를 들면, 물 18 g을 분해하면 항상 수소 2 g과 산소 16 g이 생성되어, 물은 수소와 산소가 1:8의 비율로 구성되어 있다는 것입니다. 이를 식으로 나타내면 다음과 같습니다.

$$물\ 18\ g \xrightarrow{\text{분해}} 수소\ 2\ g + 산소\ 16\ g$$
$$18\ g\ =\ 2\ g\ +\ 16\ g$$
$$반응물의\ 질량\ 합 = 생성물의\ 질량\ 합$$

화학 반응 전후에 반응물의 질량과 생성물의 질량이 같다는 것은 지금은 당연한 것으로 여기고 있으나, 당시에는 확신이 없었습니다. 이를 라부아지에는 수없이 많은 반복 실험을 통해서 화학 반응에 의해 물질이 달라지더라도 그 질량은 변하지 않는다는 결과를 1789년에 발표했습니다. 이를 **'질량 보존 법칙(Law of Conservation of Mass)'**이라고 합니다. 질량 보존 법칙은 다음과 같이 정리할 수 있습니다.

질량 보존 법칙: 화학 반응에서 질량은 증가하거나 감소하지 않는다. 즉, 화학 반응 전후에 질량은 변하지 않고 보존된다.

한편, 프루스트는 질량 보존 법칙이 발표된 지 10년 후인 1799년에 화합물을 이루는 성분 원소는 일정한 비율로 고정되어 있다는 **'일정 성분비 법칙(Law of Definition Proportions)'**을 발표했습니다. 이는 화합물을 이루는 성분 원소들이 항상 일정한 비율로 결합한다는 사실을 밝혀낸 것입니다. 다시 물을 예로 들면, 물이라는 화합물은 수

---

14) 프루스트(Joseph Louis Proust, 1754~1826): 프랑스의 화학자이다. 화합물을 이루는 성분 원소는 항상 일정한 비율로 결합된다는 일정 성분비 법칙을 발견했다.

소와 산소가 항상 1:8의 비로 구성되어 있습니다.

$$물 \ 18 \ g = 수소 \ 2 \ g + 산소 \ 16 \ g$$
$$9 \quad : \quad 1 \quad : \quad 8$$

이와 같이, 서로 다른 원소들이 결합하여 만들어진 화합물에서 특정 화합물을 이루는 성분 원소들은 항상 일정한 비율로 구성됩니다. 이것을 '일정 성분비 법칙'이라고 하며, 정리하면 다음과 같습니다.

일정 성분비 법칙: 한 화합물에서 각 성분 원소들의 질량비는 일정하다.

연습 2.1 물 100.0g을 전기 분해해서 수소 기체와 산소 기체를 얻었다. 이때 얻은 수소와 산소의 질량은 각각 얼마인가?

수소의 질량:

산소의 질량:

여기에서 혼동하지 말아야 할 것이 있습니다. 물에서 수소와 산소가 1:8의 비율로 구성되어 있다고 해서 수소와 산소가 항상 1:8의 비율로만 결합한다는 것을 의미하는 것은 아닙니다. 수소와 산소는 다른 비율로도 결합할 수 있습니다. 다만, 수소와 산소가 1:8이 아닌 다른 비율로 결합하면 그것은 물이 아니라 다른 화합물입니다. 즉, 다른 화합물이면 그 성분비가 다르며, 같은 화합물이면 그 성분비도 같다는 말입니다. 예를 들어, 물에서 수소와 산소는 항상 1:8의 비율 구성되어 있으나, 같은 수소와 산

소만으로 구성된 다른 화합물인 과산화수소에서는 1:16의 비율로 결합되어 있습니다.

$$물 18 g = 수소 2 g + 산소 16 g$$
$$9 \quad : \quad 1 \quad : \quad 8$$
$$과산화수소 34 g = 수소 2 g + 산소 32 g$$
$$17 \quad : \quad 1 \quad : \quad 16$$

물과 과산화수소와 같이 두 종류 이상의 원소가 결합하여 두 가지 이상의 화합물을 만들 때, 한 원소에 결합된 다른 원소 간의 질량비는 어떻게 될까요? 위의 물과 과산화수소의 경우를 보면, 물의 경우는 수소의 질량 1에 대해 산소의 질량이 8의 비율로 결합했고, 과산화수소는 수소의 질량 1에 대해 산소의 질량이 16의 비율로 결합했습니다. 그러므로 수소에 결합된 산소 간의 비율은 물과 과산화수소 간에 8:16 = 1:2의 간단한 정수비로 결합되어 있습니다.

이러한 현상은 탄소와 산소가 결합해서 만들어지는 두 화합물 일산화탄소와 이산화탄소 경우에도 다음과 같이 똑같은 현상을 나타냅니다.

$$일산화탄소 28 g = 탄소 12 g + 산소 16 g$$
$$이산화탄소 44 g = 탄소 12 g + 산소 32 g$$

위에서 탄소 12 g에 대해 일산화탄소는 산소가 16 g, 이산화탄소는 산소가 32 g이 결합되어 각각 탄소의 질량 12에 결합된 산소의 질량비는 16:32 = 1:2의 간단한 정수비를 이루고 있음을 확인할 수 있습니다.

이에 돌턴은 이러한 관계를 다음과 같은 '**배수 비례 법칙(Law of Multiple Proportions)**'으로 정리했습니다.

배수 비례 법칙: 동일한 원소가 결합하여 두 가지 이상의 화합물을 만들 때, 한

원소의 일정량과 결합하는 다른 원소들 간의 질량비는 항상 간단한 정수비를 이룬다.

그렇다면, 왜 화학 반응에서 '질량 보존 법칙'이 성립되고, 화합물에서 '일정 성분비 법칙'과 '배수 비례 법칙'이 작용하는 것일까요? 이 의문은 당대의 과학자들에게 반드시 그 이유를 밝혀야 할 과제였습니다. 이에 돌턴은 원소가 작은 입자들의 구성되어 있지 않을까 하는 생각을 했고, 고대 그리스와 보일의 원자 개념을 위 법칙들에 적용해 설명을 시도해 보았습니다. 놀랍게도 원자 개념을 적용한 결과, 돌턴은 위 법칙들을 모두 완벽하게 설명할 수 있었습니다.

즉, 원소가 작은 기본 입자들로 이루어진 것이라면, 화학 반응은 원자들의 결합 형태의 변화에 불과하므로(돌턴의 원자론 5), 원자들 자체는 변하지 않으므로 질량도 변하지 않습니다(질량 보존 법칙). 또한, 화합물 역시 더 이상 쪼갤 수 없는 작은 입자들이 결합하여 만들어진 것이므로(돌턴의 원자론 4), 화합물을 구성하는 원소들이 일정한 정수 비율로 결합할 수밖에 없습니다(일정 성분비 법칙, 배수 비례 법칙).

이와 같이 돌턴은 원소는 원자라는 작은 입자로 이루어져 있다는 개념을 도입함으로써 '질량 보존 법칙', '일정 성분비 법칙', '배수 비례 법칙'이 성립되는 이유를 깔끔하게 설명할 수 있었습니다. 그리고 이러한 법칙에 원자 개념을 적용하기 위해서는 '원소는 원자라는 작은 입자로 이루어져 있다'는 대원칙(돌턴의 원자론 1) 외에도, '한 원소의 원자는 크기, 질량, 화학적 성질이 일정하다'는 원칙(돌턴의 원자론 2)을 추가할 필요가 있었습니다. 따라서, 세 번째 원칙(돌턴의 원자론 3)은 두 번째 원칙에 의해 자연스럽게 도출되었습니다. 이러한 과정을 통해 '돌턴의 원자론'이 탄생하게 되었습니다.

2.3
원자는 내부에 더 작은 입자들을 가지고 있다

돌턴이 '물질의 기본 요소는 원자라는 작은 입자로 이루어져 있다'는 원자론을 제시한 후 많은 사람들이 원자는 더 이상 나뉘어 지지 않는 입자라고 생각했습니다. 그러나 돌턴이 원자론을 발표한 지 약 20년이 지난 1830년경부터, 원자가 더 작은 입자들로 구성되어 있을 수 있다는 일련의 실험 결과들이 나타나기 시작했습니다. 1838년에 패러데이(Faraday, M.)[15]는 압력이 충분히 낮은 상태에서 유리관 속의 기체가 빛을 방출하는 것을 발견했고(그림 2.1(가)), 1858년에 플뤼커(Plücker, J.)[16]는 이 빛이 자석을 갖다 대면 진행 방향이 바뀌는 것을 발견했습니다(그림 2.1(나)). 이 빛을 골트슈타인(Goldstein E.)[17]은 1876년에 '음극선(Cathode Rays)'이라고 명명했습니다.

---

15) 패러데이(Michael Faraday, 1791~1867): 영국의 물리학자이자 화학자이다. 전자기학과 전기화학 발전에 크게 기여했다. 그가 발명한 전자기 회전 장치는 전기 모터의 기본 형태가 되었다.
16) 플뤼커(Julius Plücker, 1801~1868): 독일의 수학자이자 물리학자이다. 해석 기하학 분야에 큰 공헌을 했고, 전자의 발견으로 이어진 음극선 연구의 선구자였다.
17) 골트슈타인(Eugen Goldstein, 1850~1930): 독일의 물리학자이다. 방전관의 초기 연구자였고, 나중에 수소 이온을 포함한 기체상의 양이온으로 확인된 양극선(Anode Rays)을 발견했다.

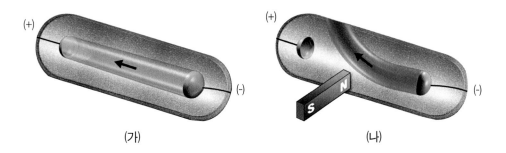

(가)   (나)

그림 2.1 (가) 유리관 속의 기체가 빛을 방출하는 현상의 개념도, (나) 유리관 속에서 방출된 빛이 자석
에 의해 방향이 바뀌는 모습의 개념도.

전자의 발견과 톰슨의 원자 모형

음극선의 정체에 대해서는 두 가지 의견이 대립했습니다. 하나는 영국의 과학자들
이 중심이 되어 주장한 입자의 흐름으로 보는 입장이었고, 다른 하나는 독일의 과학
자들이 중심이 된 파동으로 보는 입장이었습니다. 이 의견 대립은 톰슨(Thompson J.
J.)[18]이 1897년에 음극선이 전기장에 의해 굴절되는 것을 발견하고(그림 2.2), 음극선의
질량을 측정하여 음극선이 음(-)전하를 띤 질량을 가진 입자에 의한 것임을 보여주면
서 일단락 지어졌습니다. 그리고 이 입자는 가장 가벼운 수소 원자보다 약 1,800배
가벼운 입자로, 원자가 아니라 새로운 입자였고, 톰슨은 이를 **'전자(electron)'**라고 명명
했습니다. 이는 최초로 발견된 **'아원자 입자(subatomic particle)'**[19]가 되었습니다.

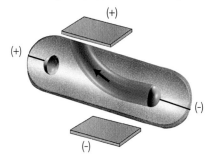

그림 2.2 톰슨의 음극선 실험 개념도.

---

18) 톰슨(Joseph John Thompson, 1856~1940): 영국의 물리학자이다. 전자와 동위원소를 발견하였고, 질량 분석기를
발명했다. 기체에 의한 전기 전도에 대한 연구와 전자를 발견한 공적으로 1906년 노벨 물리학상을 수상했다.
19) 원자보다 작은 입자를 의미한다. 전자, 양성자, 중성자 등이 있다.

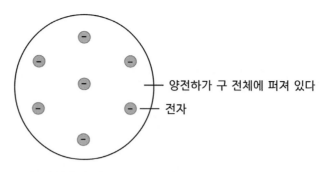

양전하가 구 전체에 퍼져 있다

전자

그림 2.3 톰슨의 '건포도 푸딩' 원자 모형.

이에 톰슨은 더 이상 쪼갤 수 없는 입자라고 생각되었던 원자가 더 작은 입자로 쪼개질 수 있으며, 중성인 원자는 양(+)전하를 띤 물질 안에 음(-)전하를 띤 전자가 점점이 박혀 있는 구조라는 원자 모형을 주장했습니다. 이 모형은 마치 건포도가 푸딩에 박혀 있는 듯하여 '**톰슨의 건포도 푸딩 원자 모형**(그림 2.3)'이라고 합니다.

원자핵의 발견과 러더퍼드의 원자 모형

톰슨의 원자 모형은 실험적으로 증명된 것은 아니었습니다. 이에 톰슨의 제자 출신인 러더퍼드(Rutherford, E.)[20]는 1909년 〈그림 3.4(가)〉와 같이 양전하를 띤 '**알파 입자(α-particle)**'를 금박지를 향해 발사하는 실험을 했고, 〈그림 3.4(나)〉와 같은 결과를 얻었습니다. 이 실험 결과는 다음과 같이 요약됩니다.

1. α-입자의 대부분은 금박지를 그대로 통과한다.
2. α-입자의 일부는 금박지에 부딪혀 산란되며, 그 중에는 90도 이상의 각도로 산란

---

20) 러더퍼드(Ernest Rutherford, 1871~1937): 뉴질랜드에서 태어난 영국의 물리학자이다. 방사능 법칙을 세웠고, 알파(α) 입자 산란 실험으로 원자 구조에 대한 새로운 모형을 제시했으며, 양성자를 발견했다. 1908년 노벨 화학상을 받았다.

되는 것도 있다.

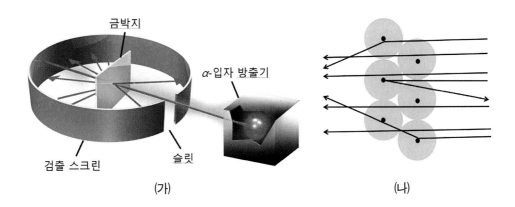

그림 2.4 (가) 러더퍼드 α-입자 산란 실험 장치와 (나) 실험 결과 개념도.

러더퍼드는 이러한 결과로부터 다음과 같은 결론을 이끌어 낼 수 있었습니다.

1. α-입자의 대부분은 그대로 통과하고 일부만 산란되므로, 원자 질량의 대부분은 특정 부분에 밀집되어 있다.
2. α-입자는 양전하를 띤 물체로, 질량이 밀집된 곳이 음전하를 띠고 있다면 α-입자를 붙잡아 α-입자가 튕겨 나오지 않았을 것이므로, 질량이 밀집된 부분 역시 양전하를 띠고 있을 것이다.
3. 원자에서 질량이 밀집된 곳을 제외한 모든 곳은 빈 공간이다.
4. 전자는 이 빈 공간에 존재한다.
5. 또한, 음전하를 띤 전자가 양전하를 띤 입자로부터의 정전기적 인력을 이겨내고 존재하려면, 빈 공간 부분에서 질량이 밀집된 곳을 중심으로 하여 빠르게 회전하고 있을 것이다.

러더퍼드는 원자에서 질량이 밀집되어 있는 부분을 **'원자핵(Atomic Nucleus)'**이라고 명명했습니다. 그는 원자가 중성이므로 원자핵은 전자의 음전하와 균형을 이루는 양전하를 지니고 있다고 생각했습니다. 이후 일련의 실험을 통해 원자핵의 크기는 1.6 fm[21]에서 15 fm 정도로 측정되었습니다. 이 크기는 원자 전체 크기의 23,000분의 1(우라늄의 경우)에서 145,000분의 1(수소의 경우)에 해당합니다.

따라서, 러더퍼드의 실험을 통해 **원자는 양전하를 띠며 원자 질량의 대부분을 차지하는 원자핵이 원자 중심의 작은 공간에 있고, 원자 부피의 대부분을 차지하는 공간에서 전자가 빠르게 회전하고 있는 물체**라는 것을 알게 되었습니다. 그러나 러더퍼드를 비롯한 과학자들은 새로운 의문이 생겼습니다. 양전하를 띤 물질들이 서로 밀쳐내지 않고 어떻게 작은 원자핵에 밀집되어 있는가 하는 문제였습니다. 이에 이들은 원자핵을 탐구하는 연구에 몰두했습니다.

그 결과, 1920년에 러더퍼드는 α-입자를 질소에 충돌시켜 양전하를 띤 입자가 튀어나오는 현상으로부터 **'양성자(Proton)'**를 발견했습니다. 그리고 1932년에 채드윅(Chadwick, J.)[22]은 **'중성자(Neutron)'**를 발견했습니다. 이로써 원자핵은 양성자와 중성자로 이루어진 물체임을 알게 되었고 〈그림 2.5〉와 같은 러더퍼드의 원자 모형이 정립되었습니다.

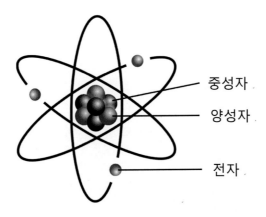

중성자

양성자

전자

그림 2.5 러더퍼드의 원자 모형.[23]

---

21) 1 fm(펨토미터)는 1×10^{-15} m이다.

22) 채드윅(James Chadwick, 1891~1974): 영국의 물리학자이다. 중성자를 발견한 공로로 1935년 노벨 물리학상을 수상했다.

다음 중 음극선 실험과 α-입자 산란 실험 결과로부터 추론할 수 있는 것으로 옳지 않은 것은?

① 원자는 더 작은 입자로 분해될 수 있다.

② 원자핵에서 양성자가 중성자보다 쉽게 방출된다.

③ 전자는 원자핵을 중심으로 빠르게 회전하고 있다.

④ 원자 내에서 가장 쉽게 방출될 수 있는 입자는 전자이다.

⑤ 원자의 질량은 대부분이 원자핵의 질량으로 이루어져 있다.

원자 내 입자들인 아원자 입자(전자, 양성자, 중성자)의 질량 및 전하량은 〈표 2.1〉과 같습니다.

표 2.1 아원자 입자의 질량과 전하.

입자	질량/g	전하
전자	9.10938×10^{-28}	-1 (-1.6022×10^{-19} C)
양성자	1.67262×10^{-24}	+1 ($+1.6022 \times 10^{-19}$ C)
중성자	1.67493×10^{-24}	0 (0 C)

---

23) SVG by Indolences. Recoloring and ironing out some glitches done by Rainer Klute. Stylised atom with three Bohr model orbits and stylised nucleus - 러더퍼드 원자 모형 - 위키백과, 우리 모두의 백과사전(wikipedia.org). 전자, 양성자, 중성자 표기는 저자가 삽입한 것임.

2.4
원자 내 전자는 특정 궤도에서만 돈다

러더퍼드의 α-입자 산란 실험 이후 과학자들은 러더퍼드의 원자 모형을 대체적으로 받아들였으나, 새로운 문제가 대두했습니다. 고전 물리학 법칙에 따르면 전자가 운동할 때 전자기 복사선을 방출하며 에너지를 잃습니다. 따라서 전자가 핵 주위를 회전하면 전자기 복사선을 연속적으로 방출하여 에너지를 잃고, 약 16 피코초(16×10^{-12} 초) 후에는 핵에 충돌해야 합니다. 그럼에도 불구하고, 우주가 탄생한 후 지금까지 전자가 여전히 핵 주위를 돌고 있다는 사실은 고전 물리학 법칙에 모순됩니다.

러더퍼드 원자 모형과 고전 물리학 법칙 간의 모순을 정리하면 다음과 같습니다.

1. 러더퍼드의 원자 모형에 따르면, 양전하를 지닌 원자핵이 원자의 중심에 있고, 음전하를 지닌 전자가 원자핵 주위를 빠르게 회전한다.
2. 그러나 전자기학에 따르면, 운동하는 전자는 전자기파(즉, 빛)를 방출하면서 점차 에너지를 잃는다. 그럼에도 불구하고 러더퍼드 원자 모형에 따르면, 원자 내 전자가 여전히 같은 속도로 회전하고 있다.
3. 뉴턴 역학에 따르면, 전자가 빛을 방출하며 운동에너지를 잃으면 원자 크기는 점차 작아져야 하고, 방출되는 빛의 진동수는 연속적으로 증가해야 한다. 그러나 실제로 원자 크기는 시간이 지남에 따라 점진적으로 작아지지 않으며, 수소 원자의 방출 스펙트럼에 따르면 방출되는 빛은 불연속적이다.

이에 보어(Bohr, N. H. D.)[24]는 1913년에 수소 원자의 방출 스펙트럼이 불연속적이라는 점에 주목하여 러더퍼드의 원자 모형을 수정한 새로운 원자 모형을 제시했습니다. **'보어의 원자 모형'**은, 태양계에서 행성들이 태양을 중심으로 회전하는 것처럼, 전자들이 원자핵 주위의 특정 궤도를 돌고 있는 것으로 나타낸 모형입니다. 보어의 모형은 전자가 특정한 궤도에서만 회전할 수 있다는 가정에서 출발합니다. 이러한 모형은 발머(Balmer, J. J)[25]의 수소 원자의 선스펙트럼 연구에 기반한 것이었습니다.

1885년 발머는 〈그림 2.6〉과 같이 수소 기체를 방전관에 넣고 방출되는 빛을 측정한 결과, 고전 물리학에서 예측했던 연속 스펙트럼이 아니라 불연속 스펙트럼을 얻었습니다. 발머가 얻은 **수소 원자 선스펙트럼**은 410.0, 434.0, 486.1, 656.2 nm[26] 파장이었습니다. 발머는 고전 물리학으로 설명되지 않는 이 선스펙트럼들 간의 관계를 밝히기 위해 오랜 시간의 노력 끝에, 1897년에 다음과 같은 관계식을 발표했습니다.

$$\lambda = a\frac{n^2}{n^2 - 4} \quad \text{(발머의 수소 원자 선스펙트럼 식)} \quad (2.1)$$

여기서 λ는 파장, a = 364.56 nm, n = 3, 4, 5, 6입니다.

---

24) 보어(Niels Henrik David Bohr, 1885~1962): 덴마크의 물리학자이다. 원자 구조에 대한 이해와 양자역학의 성립에 기여했다. 1922년 노벨 물리학상을 받았다.

25) 발머(Johann Jacob Balmer, 1825~1898): 스위스의 수학자이자 물리학자이다. 수소 원자의 발머 계열 스펙트럼을 발견한 것으로 잘 알려져 있다.

26) 1 nm(나노미터)는 1×10^{-9} m이다.

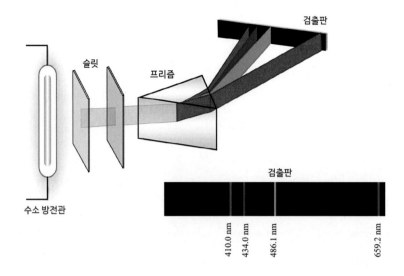

그림 2.6 수소 원자의 방출 스펙트럼 측정 장치 개념도와 발머가 얻은 수소 원자 선스펙트럼.

연습 2.3 발머의 수소 원자 선스펙트럼 공식(식 2.1)으로부터 n = 3, 4, 5, 6일 때, 발머 계열
의 선스펙트럼이 얻어지는 것을 확인하시오.

n = 3:

n = 4:

n = 5:

n = 6:

한편, 뤼드베리(Rydberg, J. R.)[27]는 파장 대신 진동수 v로 표현되고, 모든 원자에 적
용할 수 있는 다음과 같은 일반화된 식을 구했습니다.

$$v = R_\infty \left\{ \frac{1}{(n_1 + a)^2} - \frac{1}{(n_2 + a)^2} \right\} \quad \text{(뤼드베리 식)} \qquad (2.2)$$

27) 뤼드베리(Johannes Robert Rydberg, 1854~1919): 스웨덴의 물리학자이다. 수소 원자에서 방출되는 광자의 진동
수를 예측하는 뤼드베리 공식을 고안했다.

여기서 R_∞는 '**뤼드베리 상수(Rydberg constant)**'로 무거운 원자의 경우에 대한 값으로 1.09737×10^5 cm^{-1}이고, n_1과 n_2는 정수로 $n_2 > n_1$이며, a와 b는 원자의 형태에 따라 결정되는 상수입니다.

뤼드베리 식은 수소 원자에 대해서는 다음과 같이 됩니다.

$$\nu = R_H \left(\frac{1}{n_1^2} - \frac{1}{n_2^2} \right) \text{ (수소 원자에 대한 뤼드베리 식)} \tag{2.3}$$

여기서 R_H는 수소 원자의 뤼드베리 상수로 1.09678×10^5 cm^{-1}이고, $n_1 = 2$일 때, 발머의 스펙트럼과 일치하는 값이 얻어집니다. 뤼드베리 식이 성공적으로 발머 계열 스펙트럼에 적용되는 것을 보이자, 다음과 같은 다른 계열의 수소 원자 스펙트럼이 속속 측정되어 뤼드베리 식은 확고하게 검증되었습니다.

1906년 라이먼(Lyman, T.): $n_1 = 1$ 계열의 스펙트럼 발견

1908년 파셴(Paschen, L. K. H. F.): $n_1 = 3$ 계열의 스펙트럼 발견

1908년 브래킷(Brackett, F. S.): $n_1 = 4$ 계열의 스펙트럼 발견

연습 2.4 라이먼은 자외선 영역에서 수소 원자로부터 121.6, 102.6, 97.2 nm 등의 스펙트럼을 얻었다. 뤼드베리 식으로부터 이 선스펙트럼이 수소 원자 스펙트럼의 첫 번째 계열 ($n_1 = 1$) 중 $n_2 = 2 \sim 4$에 해당하는 파장임을 보이시오. (파장은 진동수의 역수로 $\lambda = \dfrac{1}{\nu}$ 이다.)

$n_2 = 2$:

$n_2 = 3$:

$n_2 = 4$:

이로써 발머와 리드베리 식은 수소 원자의 선 스펙트럼이 나타나는 위치를 정확하게 예측할 수 있게 했습니다. 그러나 왜 그러한 선 스펙트럼이 나타나는지는 설명할 수 없었습니다. 이에 보어는 수소 원자 스펙트럼의 진동수는 다음 식과 같이 두 값의 차이에 의한 것이라는 점에 주목했습니다.

$$\nu = \frac{R_H}{n_1^2} - \frac{R_H}{n_2^2} \quad (n_2 > n_1) \tag{2.4}$$

이 식은 수소 원자의 스펙트럼은 n_1 상태의 전자와 n_2 상태의 전자 간의 에너지 차이에 의한 것임을 의미합니다. 이것을 플랑크(Planck, M. K. E. L.)[28]의 양자 가설 $E = nh\nu\,(n = 0, 1, 2, \cdots)$를 적용하면 다음과 같이 됩니다.

$$\nu = \frac{1}{h}\left(E_{n_2} - E_{n_1}\right) \tag{2.5}$$

$$\therefore E_{n_2} - E_{n_1} = \Delta E = h\nu \tag{2.6}$$

이러한 결과로부터 보어는 러더퍼드 원자 모형과 고전 물리학 법칙 간의 모순을 해소한 수소 원자 모형을 제시했습니다. 이는 다음과 같습니다.

1. 원자 내 전자는 특정 궤도에서만 회전한다.
2. 각 궤도는 자신의 고유 에너지를 가지며, 각 궤도의 에너지는 다음과 같다.

$$E_n = -\frac{R_H}{n^2} \quad (n = 1, 2, 3, \cdots;\ R_H = 2.18 \times 10^{-18}\ \text{J}) \tag{2.7}$$

3. 전자가 일정한 궤도에서 회전할 때는 에너지를 잃거나 얻지 않는다.

---

28) 플랑크(Max Karl Ernst Ludwig Planck, 1858~1947): 독일의 물리학자이다. 에너지의 양자성을 밝혀 양자역학 성립에 크게 기여했다. 1918년 노벨 물리학상을 수상했다.

4. 원자 스펙트럼은 전자가 다른 궤도로 이동할 때 나타나는 두 궤도 간의 에너지 차이에 의해 발생하며, 그 관계는 〈식 2.6〉과 같다.

따라서 보어 원자 모형에 따르면 원자 내 전자는 '**전자 껍질(electron shell)**'이라는 특정 궤도에서만 존재하며, 이 전자 껍질은 안쪽에서부터 n = 1, 2, 3, …의 순서로 배열됩니다. 이 전자 껍질들은 각각 K부터 알파벳 순으로 K각(n = 1), L각(n = 2), M각(n = 3), …이라고 부릅니다. 보어의 수소 원자 모형을 그림으로 나타내면 〈그림 2.7〉과 같습니다.

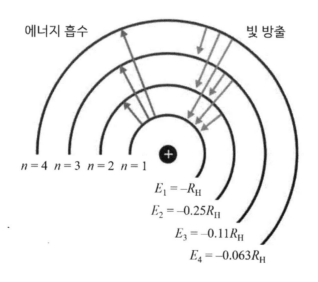

그림 2.7 보어의 수소 원자 모형.

〈그림 2.7〉의 보어의 수소 원자 모형이 의미하는 바는 다음과 같습니다.

1. 수소 원자에서 전자는 안쪽에서부터 n = 1(K각), n = 2(L각), n = 3(M각), n = 4(N각), …의 궤도에서 회전한다.

2. 각 궤도의 에너지는 안쪽에서 바깥쪽으로 $E_1 = -\dfrac{R_H}{1^2} = -R_H$, $E_2 = -\dfrac{R_H}{2^2}$ $= -0.25R_H$, $E_3 = -\dfrac{R_H}{3^2} = -0.11R_H$, $E_4 = -\dfrac{R_H}{4^2} = -0.063R_H$, …를 가지며 차례로 높아진다.

3. 궤도 사이의 간격에 해당하는 에너지를 흡수하면, 전자는 안쪽 궤도에서 바깥쪽 궤도로 이동한다. (〈그림 2.7〉의 왼쪽 화살표 군)

4. 바깥쪽 궤도에서 안쪽 궤도로 전자가 떨어지면, 전자는 궤도 사이의 간격에 해당하는 에너지를 빛으로 방출한다. (〈그림 2.7〉의 오른쪽 화살표 군)

연습 2.5 K각, L각, M각에 하나의 전자를 가지고 있는 4가지 상태의 수소 원자가 있다. 이 4가지 상태의 원자로부터 전자를 완전하게 떼어내는 데(즉, $n = \infty$로 들뜨게 하는 데) 필요한 에너지는 각각 얼마인가? ($R_H = 2.18 \times 10^{-18}$ J이다.)

K각 $\rightarrow n = \infty$:

L각 $\rightarrow n = \infty$:

M각 $\rightarrow n = \infty$:

〈연습 2.5〉의 계산 결과로 알 수 있는 것은, 전자가 들어있는 궤도의 위치가 높을수록 전자를 완전히 떼어내는 데 필요한 에너지가 작아진다는 것입니다. 이는 **높은 궤도에 있는 전자일수록 더 쉽게 떨어질 수 있다**는 것을 의미합니다.

2.5
궤도는 다시 세부 구조로 나뉜다

　〈그림 2.7〉에서 보여준 원자 모형은 '보어의 원자 모형'이라고 하지 않고, 굳이 '보어의 수소 원자 모형'이라고 했습니다. 그렇다면 수소가 아닌 경우의 원자 모형은 〈그림 2.7〉과 다르다는 것일까요? 그렇습니다. 수소 또는 수소와 같이 전자가 하나만 있는 입자[29]가 아니면 〈그림 2.7〉과는 다른 모양의 원자 구조를 가집니다.

　어떤 원자가 같은 궤도에 전자를 두 개 이상 가지고 있다면, 그 전자들 사이에 어떤 일이 일어날까요? 전자는 음전하를 띠고 있습니다. 음전하를 띤 물체와 음전하를 띤 물체가 만나면 서로 밀쳐내게 마련입니다. 따라서 전자가 같은 전자 껍질에 여러 개 존재하면, 전자들 사이의 반발력 때문에 일부 전자는 안쪽으로, 일부 전자는 바깥쪽으로 밀려나 하나의 전자 껍질이 두 개 이상으로 나뉘게 됩니다.

　이렇게 하나의 전자 껍질이 두 개 이상으로 분리되어 생긴 껍질을 '**부껍질**(subshell)'이라고 합니다. 부껍질은 안쪽에서 바깥쪽으로 's 궤도함수(s orbital)', 'p 궤도함수(p orbital)', 'd 궤도함수(d orbital)', 'f 궤도함수(f orbital)'로 구분됩니다.[30] 이 궤도함수들은 바깥쪽에 위치할수록 더 넓은 공간을 차지하므로 더 많은 전자를 가질 수 있습니다. 예를 들어, s 궤도함수에는 최대 2개, p 궤도함수에는 최대 6개, d 궤도함수에는

---

29)　수소와 같이 전자가 1개인 입자를 수소꼴 원자(hydrogenic atom)라고 한다. 수소꼴 원자로는 H, He$^+$, Li^{2+}, Be^{3+} 등이 있다.

30)　Orbital은 'orbit(궤도) + -al(함수를 의미하는 접미사)'가 결합되어 만들어진 말로 우리말로 번역하면 '**궤도함수**'가 된다. 그러므로 궤도함수(orbital)는 전자가 운동하는 궤도를 함수(파동 함수)로 나타낸 것이다.

최대 10개, *f* 궤도함수에는 최대 14개의 전자가 들어갈 수 있습니다.

그렇다면 두 전자가 같은 궤도함수에 들어있을 때, 전자 간 반발력을 최소화하려면 어떻게 해야 할까요? 첫 번째 방법은 3차원 공간 내에서 전자들이 서로 다른 방향으로 배향하는 것입니다. 예를 들어, *p* 궤도함수에 전자가 2개 이상 존재할 경우, 첫 번째 전자가 주축인 *z*-축 방향에 위치하면, 두 번째 전자는 *x*-축 방향에, 세 번째 전자는 *y*-축 방향으로 배향하는 것입니다. 그런 다음 네 번째부터 여섯 번째 전자까지는 다시 *z*-축, *x*-축, *y*-축 방향으로 차례대로 배향을 달리해 들어가는 것입니다.

p 궤도함수에서 네 번째부터 여섯 번째 전자까지는 어쩔 수 없이 2개의 전자가 짝을 이룹니다. 이렇게 두 개의 전자가 좁은 공간에서 짝을 이룰 때, 짝을 이룬 전자 간의 반발력을 최소화하려면 어떻게 해야 할까요? 지구가 태양 주위를 돌 때, 지구는 공전과 함께 자전을 하는 것처럼, 원자 내 전자도 원자핵 주위의 궤도를 도는 궤도 회전 운동(공전)과 전자 자체가 회전하는 '**스핀**(spin, 자전)' 운동을 합니다. **같은 궤도함수 내에서 짝을 이룬 전자가 반발력을 최소화하는 방법은, 하나의 전자가 시계 방향으로 스핀할 때 다른 전자는 반시계 방향으로 스핀하는 것입니다.** 서로 반대 방향으로 스핀하면 두 톱니바퀴가 맞물려 돌아갈 때처럼 서로의 스핀 운동을 원활하게 하여 전자 간 반발력을 최소화합니다. 또한, 스핀 운동에 따라 생성되는 자기장의 방향도 서로 반대가 됩니다. 이것이 두 전자가 같은 궤도함수에 있을 때 전자 간 반발력을 최소화하는 두 번째 방법입니다.

이와 같이 **하나의 전자 껍질은 그 크기에 따라 여러 개의 부껍질(*s*, *p*, *d*, *f* 등)로 나뉠 수 있고, 이 부껍질들은 다시 *s* 궤도함수는 1개, *p* 궤도함수는 3개, *d* 궤도함수는 5개, *f* 궤도함수는 7개의 배향으로 나뉩니다.** 그리고 마지막으로 **각 배향 궤도함수에는 2개의 전자가 들어갈 수 있으며, 이때 전자들은 서로 다른 스핀 방향을 가집니다.** 이것을 정리하면 〈표 2.2〉와 같습니다.

표 2.2 전자 껍질의 세부 구조.

전자 껍질	부껍질 종류	배향 부껍질 총수	스핀 수
$K(n = 1)$	s	$1\,s = 1$	각 배향 당 2(↑, ↓)[31]
$L(n = 2)$	s, p	$1\,s + 3\,p = 4$	각 배향 당 2(↑, ↓)
$M(n = 3)$	s, p, d	$1\,s + 3\,p + 5\,d = 9$	각 배향 당 2(↑, ↓)
$N(n = 4)$	s, p, d, f	$1\,s + 3\,p + 5\,d + 7\,f = 16$	각 배향 당 2(↑, ↓)

궤도함수의 모양과 배향

원자의 부껍질 궤도함수인 s, p, d, f 궤도함수에 대해 각각 전자가 90% 이상 존재할 영역을 3차원 그림으로 나타내면 다음과 같습니다.

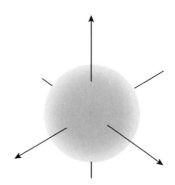

그림 2.8 s 궤도함수의 3차원 그림.

s 궤도함수는 〈그림 2.8〉에서 보듯이 x, y, z 좌표에서 각 축의 원점을 중심으로 구

---

31) 스핀은 자기장의 방향을 고려하여 화살표를 가지고 나타내기도 한다. 스핀 방향을 화살표로 나타내면 +1/2인 것은 ↑, -1/2인 것은 ↓로 표기한다.

형 대칭의 모양을 가집니다. 그리고 **배향은 하나**뿐입니다.

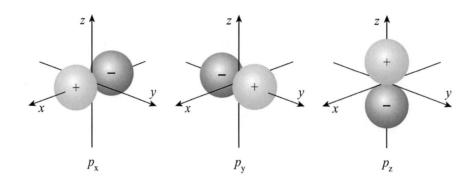

그림 2.9 p 궤도함수의 3차원 그림.

p 궤도함수는 〈그림 2.9〉와 같이 x-축, y-축, z-축 방향으로 각각 배향된 세 가지가 있습니다. x-축을 따라 배향된 것은 p_x 궤도함수, y-축을 따라 배향된 것은 p_y 궤도함수, z-축을 따라 배향된 것은 p_z 궤도함수라고 합니다. 따라서 p 궤도함수는 세 가지 배향을 가지며, 배향 수는 3입니다. 이 세 p 궤도함수는 각각 원점을 중심으로 위상이 (+)인 쪽과 (-)인 쪽으로 대칭되는 쌍으로 이루어진 아령 모양입니다. 그리고 이 세 개의 아령형 궤도함수를 모두 합치면 s 궤도함수와 같은 구형이 됩니다.

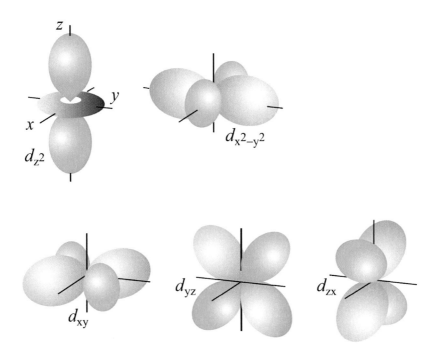

그림 2.10 d 궤도함수의 3차원 그림.

d 궤도함수는 〈그림 2.10〉의 d_{z^2}과 같이 xy 평면에 동그란 띠를 두르고 z-축 방향으로 배향된 아령 모양의 궤도함수 하나와 네잎클로버 모양의 궤도함수 네 개로 구성되어 있습니다. 네잎클로버 모양의 궤도함수 중 하나는 x-축과 y-축 방향으로 클로버 잎이 각각 두 개씩 배향된 형태이며($d_{x^2-y^2}$), 다른 세 개는 두 축 사이에 배향된 형태입니다(d_{xy}, d_{yz}, d_{zx}). 따라서 d 궤도함수는 다섯 가지 배향을 가지며, 배향 수는 5입니다. 또한, d 궤도함수도 p 궤도함수와 마찬가지로 이 다섯 개의 궤도함수를 모두 합치면 구형이 됩니다.

f 궤도함수의 3차원 그림은 매우 복잡하여 일반적으로 그림으로 잘 표현하지 않습니다. 그러나 f 궤도함수는 배향 수가 7이므로 7가지 종류의 배향이 그려질 수 있음을 알 수 있습니다. f 궤도함수 역시 7개의 배향 궤도함수를 모두 합치면 구형이 됩니다.

양자수 규칙

위에서 본 바와 같이 원자의 전자 구조는 주껍질, 부껍질, 부껍질의 배향, 스핀의 네 가지 세부 구조로 이루어져 복잡합니다. 따라서 특정 전자의 상태를 나타내기가 쉽지 않습니다. 이에 과학자들은 특정 전자가 어느 궤도함수에 속하는지를 나타내기 위해 **'양자수(quantum number)'**[32]라는 것을 사용하여 나타냅니다. 이 양자수를 정하는 규칙은 다음과 같습니다.

1. **주껍질에 대한 양자수**: 이를 주양자수라고 하고, 기호로 n을 사용한다. 주양자수 n은 1 이상의 정수 값을 가진다.

$$n = 1, 2, 3, \cdots \tag{2.8}$$

2. **부껍질에 대한 양자수**: 이를 각운동량 양자수 또는 부양자수라고 하며, l을 기호로 사용한다. l은 0부터 $(n-1)$까지의 값을 가지며, $l = 0$은 s 궤도함수, $l = 1$은 p 궤도함수, $l = 2$는 d 궤도함수, $l = 3$은 f 궤도함수에 대한 양자수이다.

$$l = 0, 1, 2, 3, \cdots, (n-1) \tag{2.9}$$
$$s, p, d, f, \cdots$$

따라서, 각 n은 다음과 같이 n^2개의 l을 가진다. (표 2.2 참조)

$$n = 1 : n^2 = 1^2 = 1 \therefore 1개의 l$$

---

32) 양자수에 대한 구체적인 내용은 이 책의 범위를 벗어난다. 보다 상세한 내용은 시중에 나와있는 '물리화학' 책들을 참고하기 바란다.

$$n = 2:\ n^2 = 2^2 = 4\ \therefore\ 4개의\ l$$

$$n = 3:\ n^2 = 3^2 = 9\ \therefore\ 9개의\ l$$

$$n = 4:\ n^2 = 4^2 = 16\ \therefore\ 16개의\ l$$

3. 부껍질의 배향에 대한 양자수: 이를 자기 양자수라고 하며, m_l 을 기호로 사용한다. m_l 은 다음과 같이 $-l$ 부터 $+l$ 까지의 정수 값을 가진다.

$$m_l = -l,\ -l+1,\ \cdots,\ -1,\ 0,\ 1,\ \cdots,\ l\ -1,\ l = 0,\ \pm 1,\ \cdots,\ \pm l \tag{2.10}$$

4. 전자의 스핀 방향에 대한 양자수: 이를 스핀 양자수라고 하며, m_s 를 기호로 사용한다. m_s 는 $+\dfrac{1}{2}$ 과 $-\dfrac{1}{2}$ 의 값을 가진다. 따라서 각 m_l 값에 대해 스핀이 서로 다른 전자를 2개까지 가질 수 있다.

$$m_s = +\frac{1}{2},\ -\frac{1}{2} \tag{2.11}$$

5. 파울리 배타 원리(Pauli exclusion principle): 한 원자 내에 있는 전자는 위의 네 가지 양자수 중 적어도 하나는 달라야 한다.

표 2.3 주양자수 n = 1, 2, 3, 4에 대한 l, m_l, m_s의 관계.

n	l*	m_l	m_s
1	0(1s)	0	$+\dfrac{1}{2}$, $-\dfrac{1}{2}$
2	0(2s)	0	$+\dfrac{1}{2}$, $-\dfrac{1}{2}$
	1(2p)	-1, 0, +1	모든 m_l 값에 대하여 $\pm\dfrac{1}{2}$
3	0(3s)	0	$+\dfrac{1}{2}$, $-\dfrac{1}{2}$
	1(3p)	-1, 0, +1	모든 m_l 값에 대하여 $\pm\dfrac{1}{2}$
	2(3d)	-2, -1, 0, +1, +2	모든 m_l 값에 대하여 $\pm\dfrac{1}{2}$
4	0(4s)	0	$+\dfrac{1}{2}$, $-\dfrac{1}{2}$
	1(4p)	-1, 0, +1	모든 m_l 값에 대하여 $\pm\dfrac{1}{2}$
	2(4d)	-2, -1, 0, +1, +2	모든 m_l 값에 대하여 $\pm\dfrac{1}{2}$
	3(4f)	-3, -2, -1, 0, +1, +2, +3	모든 m_l 값에 대하여 $\pm\dfrac{1}{2}$

* 괄호 안의 기호는 궤도함수를 나타내며, 앞의 숫자는 주양자수를, 뒤의 알파벳은 부껍질의 궤도함수를 나타낸다.

위의 4가지 양자수들 간의 관계를 n = 1, 2, 3, 4에 대해 정리하면 〈표 2.3〉과 같습니다.

연습 2.6 다음 중 원자 내 전자 껍질의 세부 구조에 대한 설명으로 옳지 않은 것은?

① 부껍질의 수는 주양자수 n에 의해 결정되며 n^2 개이다.

② 각 전자 껍질은 크기에 따라 s, p, d, f 등의 부껍질을 가진다.

③ 한 원자 내에 있는 전자 중 쌍을 이룬 것은 서로 같은 상태에 있다.

④ 부껍질의 배향에 대한 양자수는 자기 양자수(m_l)라고 하며, $m_l = 0, \pm 1, \cdots, \pm l$ 이다.

⑤ 부껍질에 대한 양자수는 각운동량 양자수(l)라고 하며, l은 0에서 $(n-1)$까지의 값을 가진다.

2.6
전자들은 에너지가 낮은 상태부터 차례로 채워진다

위에서 원자핵 주위를 도는 전자는 다양한 상태의 궤도함수를 가질 수 있음을 보았습니다. 그렇다면 특정 원자에서 전자는 어떤 상태로 존재할까요? 전자가 궤도함수에 어떻게 분포하는지를 나타내는 것을 '**전자 배치**(electron configuration)'라고 합니다. 전자 배치는 다음과 같은 방식으로 나타냅니다.

$$nL^N \tag{2.12}$$

여기서 n은 주양자수이고, L은 부양자수에 대한 기호(s, p, d, f 등)이며, 위첨자 N은 전자 수를 의미합니다. 예를 들어, M각의 p 궤도함수에 전자가 4개 들어 있다면, M각의 주양자수는 3이므로 이 전자들의 전자 배치는 $3p^4$가 됩니다.

전자 배치 원리

원자에 전자가 배치되는 원리는 다음과 같습니다.

1. **쌓임 원리(aufbau principle)**[33]: 원자 내 **전자가 궤도함수에 채워질 때, 에너지 준위가 낮은 궤도함수(즉, 원자핵에서 가까운 궤도함수)부터 차례로 채워진다.**

2. **파울리 배타 원리: 하나의 궤도함수에 들어갈 수 있는 전자 수는 최대 2개이다.** 예를 들어, p 궤도함수는 p_x, p_y, p_z의 3가지 배향 궤도함수를 가지므로 각각의 궤도함수에 최대 2개씩, 총 6개의 전자가 들어갈 수 있다.

3. **훈트 규칙(Hund's rule): 동일한 에너지를 가진 여러 개의 배향 궤도함수에 전자가 채워질 때, 가능한 한 짝을 이루지 않은 전자의 수가 최대가 되도록 채워진다.** 예를 들어, p 궤도함수에 전자가 들어갈 때 처음 3개의 전자는 p_x, p_y, p_z에 각각 하나씩 채워지고, 네 번째 전자부터는 짝을 이루기 시작한다.

위의 쌓임 원리에 따라 전자를 배치하려면, 반드시 알아야 할 것이 궤도함수의 에너지 준위 순서입니다. 다전자 원자에서 궤도함수의 에너지 준위를 그림으로 나타내면 〈그림 2.11〉과 같이 됩니다.

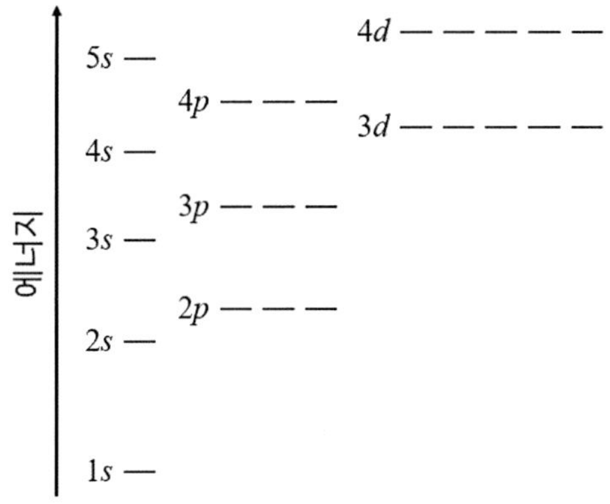

그림 2.11 다전자 원자의 궤도함수 에너지 준위.

---

33) 쌓임 원리는 담을 세울 때 벽돌을 낮은 곳에서부터 차례로 쌓아 올리는 것과 같은 원리이다.

〈그림 2.11〉에 나타난 궤도함수들을 에너지 준위가 낮은 것부터 차례로 나열하면 다음과 같습니다.

$$1s < 2s < 2p < 3s < 3p < \mathbf{4s} < \mathbf{3d} < 4p < \mathbf{5s} < \mathbf{4d} < 5p \cdots$$

이 순서를 보면, $3p$까지는 주양자수가 작을수록 에너지 준위가 낮고, 주양자수가 같을 때는 부양자수가 작을수록 에너지 준위가 낮습니다. 그러나 $3d$ 이상이 되면, $4s$가 $3d$보다 낮으며, $4d$가 $5s$보다 낮는 등 순서가 역전되는 것을 볼 수 있습니다.

그렇다면 〈그림 2.11〉과 같은 에너지 준위 그림 없으면 전자 배치를 할 수 없는 것일까요? 위와 같은 에너지 준위 역전에도 일정한 규칙이 있으며, 그 규칙은 〈그림 2.12〉와 같이 대각선 순서로 에너지 준위가 배치되는 것입니다. 이를 통해 우리는 에너지 준위 순서를 쉽게 파악할 수 있습니다.

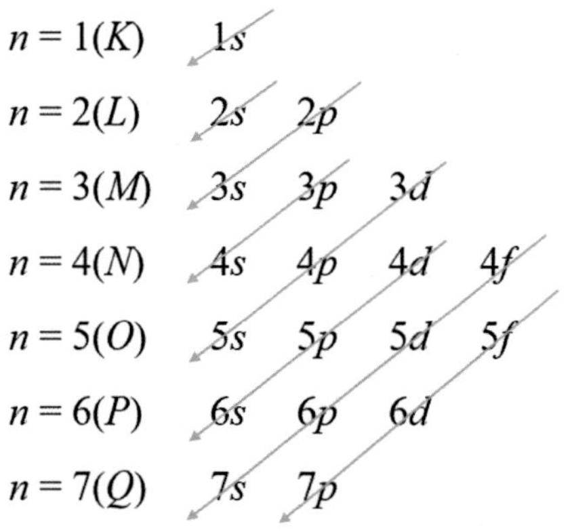

그림 2.12 다전자 원자에서 궤도함수의 에너지 준위가 배치되는 순서.

〈그림 2.12〉와 같이 $n = 1(K$각)부터 차례로 각 전자 껍질이 가질 수 있는 궤도함수들을 횡으로 나열하고, $1s$에서 시작하여 대각선으로 화살표를 그리며 연결하면 다음과 같이 됩니다.

$$1s \rightarrow 2s \rightarrow 2p \rightarrow 3s \rightarrow 3p \rightarrow \mathbf{4s} \rightarrow \mathbf{3d} \rightarrow 4p \rightarrow \mathbf{5s} \rightarrow \mathbf{4d} \rightarrow 5p \rightarrow \mathbf{6s} \cdots$$

이 순서는 〈그림 2.11〉의 에너지 준위 순서와 일치합니다. 따라서 〈그림 2.12〉와 같은 방법을 사용하면, 에너지 준위 그림 없이도 전자 배치를 쉽게 할 수 있습니다.

이제 〈그림 2.12〉의 '궤도함수의 에너지 준위 배치 순서'와 '전자 배치 원리', 그리고 '전자 배치 표기법(nL^N)'에 따라 몇 가지 원자의 **바닥 상태**(ground state)[34] 전자 배치를 해 보겠습니다.

- H(수소, 전자 수 = 1)

  전자 수 = 1이므로, $1s$에 1개의 전자가 배치됩니다. ∴ 전자 배치: $1s^1$

- He(헬륨, 전자 수 = 2)

  전자 수 = 2이므로, $1s$에 2개의 전자가 배치됩니다. ∴ 전자 배치: $1s^2$

- Li(리튬, 전자 수 = 3)

  전자 수 = 3이므로, $1s$에 2개, $2s$에 1개의 전자가 배치됩니다.

  ∴ 전자 배치: $1s^2 2s^1$

- Be(베릴륨, 전자 수 = 4)

  전자 수 = 4이므로, $1s$에 2개, $2s$에 2개의 전자가 배치됩니다.

  ∴ 전자 배치: $1s^2 2s^2$

- B(붕소, 전자 수 = 5)

  전자 수 = 5이므로, $1s$에 2개, $2s$에 2개, $2p$에 1개의 전자가 배치됩니다.

  ∴ 전자 배치: $1s^2 2s^2 2p^1 (2p_z^{\,1})$[35]

---

34) 〈그림 2.7〉 보어의 수소 원자 모형을 보면, 에너지를 흡수하면 더 높은 에너지 준위로 올라갈 수 있다. 이처럼 에너지를 흡수하여 더 높은 상태가 된 것을 '**들뜬 상태**(excited state)'라고 하며, 에너지를 흡수하지 않고 가장 낮은 에너지 상태로 있는 것을 '바닥 상태'라고 한다.

35) z-축을 주축으로 보기 때문에, 첫 번째 전자는 z-축 방향으로 배치한다.

- N(질소, 전자 수 = 7)

  전자 수 = 7이므로, $1s$에 2개, $2s$에 2개, $2p$에 3개의 전자가 배치됩니다.

  ∴ 전자 배치: $1s^2 2s^2 2p^3 (2p_z^1 2p_x^1 2p_y^1)$[36]

- Ne(네온, 전자 수 = 10)

  전자 수 = 10이므로, $1s$에 2개, $2s$에 2개, $2p$에 6개의 전자가 배치됩니다.

  ∴ 전자 배치: $1s^2 2s^2 2p^6 (2p_z^2 2p_x^2 2p_y^2)$

- Na(Na, 전자 수 = 11)

  전자 수 = 11이므로, $1s$에 2개, $2s$에 2개, $2p$에 6개, $3s$에 1개의 전자가 배치됩니다. ∴ 전자 배치: $1s^2 2s^2 2p^6 3s^1$

- K(칼륨, 전자 수 = 19)

  전자 수 = 19이므로, $1s$에 2개, $2s$에 2개, $2p$에 6개, $3s$에 2개, $3p$에 6개, $4s$에 1개의 전자가 배치됩니다. ∴ 전자 배치: $1s^2 2s^2 2p^6 3s^2 3p^6 4s^1$

- Sc(스칸듐, 전자 수 = 21)

  전자 수 = 21이므로, 1s에 2개, $2s$에 2개, $2p$에 6개, $3s$에 2개, $3p$에 6개, $4s$에 2개, $3d$에 1개의 전자가 배치됩니다. ∴ 전자 배치: $1s^2 2s^2 2p^6 3s^2 3p^6 4s^2 3d^1$

연습 2.7 다음 원자의 바닥 상태 전자 배치를 하시오.

(1) O(산소, 전자 수 = 8)
(2) Al(알루미늄, 전자 수 = 13)
(3) Ge(게르마늄, 전자 수 = 32)
(4) Rb(루비듐, 전자 수 = 37)

---

36) 훈트 규칙에 따라 $2p$ 궤도함수의 3개 전자는 $2p_z$, $2p_x$, $2p_y$에 각각 1개씩 먼저 배치한다.

위의 전자 배치 방법은 각 전자의 상세한 배치를 보여주지만, 전자 수가 많아지면 매우 복잡해져 가독성이 떨어집니다. 이를 해결하기 위해, 내부 전자 껍질에 있는 전자의 배치는 바로 앞 주기의 18족 원소(He, Ne, Ar 등)의 전자 배치와 동일한 점을 이용하여 18족 원소의 원소 기호를 사용해 간편하게 표기할 수 있습니다. 예를 들면 다음과 같습니다.

- H

  전자 배치: $1s^1$, 간편 표기: 해당 사항 없음

- He

  전자 배치: $1s^2$, 간편 표기: 해당 사항 없음

- Li

  전자 배치: $1s^2 2s^1$, 간편 표기: $[He]2s^1$ ($1s^2$를 [He]로 대체)

- Be

  전자 배치: $1s^2 2s^2$, 간편 표기: $[He]2s^2$

- B

  전자 배치: $1s^2 2s^2 2p^1$, 간편 표기: $[He]2s^2 2p^1$

- Ne

  전자 배치: $1s^2 2s^2 2p^6$, 간편 표기: $[He]2s^2 2p^6$

- Na

  전자 배치: $1s^2 2s^2 2p^6 3s^1$, 간편 표기: $[Ne]3s^1$ ($1s^2 2s^2 2p^6$을 [Ne]로 대체)

- K

  전자 배치: $1s^2 2s^2 2p^6 3s^2 3p^6 4s^1$, 간편 표기: $[Ar]4s^1$ ($1s^2 2s^2 2p^6 3s^2 3p^6$을 [Ar]로 대체)

간편 표기법을 사용한 118가지 전체 원소의 바닥 상태 전자 배치는 〈부록 1〉에 수록되어 있습니다. 필요할 때마다 참고하기 바랍니다.

연습 2.8 〈연습 2.7〉에서 구한 원자들의 전자 배치를 간편 표기법을 사용하여 나타내시오.

(1) O   (2) Al

(3) Ge   (4) Rb

2.9 수소 원자에서 하나의 전자를 다음과 같이 이동시키려고 한다. 이때 필요한 에너지는 얼마인가? ($R_H = 2.18 \times 10^{-18}$ J이다.)

(1) K각 → L각

(2) L각 → M각

(3) M각 → N각

2.10 다음 양자수 집합 중에서 가능하지 않은 것은?

	n	l	m_l	m_s
①	2	0	0	+1/2
②	2	1	1	-1/2
③	3	0	0	+1/2
④	3	2	-3	-1/2
⑤	4	3	-2	+1/2

2.11 다음은 원자의 바닥 상태 전자 배치를 도식으로 나타낸 것이다. 바르게 짝지어진 것은?

		$1s$	$2s$	$2p$
①	Be	↑↓	↑	↑ __ __
②	B	↑↓	↑	↑ ↑ ↑
③	C	↑↓	↑	↑ ↑ ↑
④	N	↑↓	↑↓	↑↓ ↑ __
⑤	O	↑↓	↑↓	↑↓ ↑ ↑

2.12 다음 중 바닥 상태 원자가 갖는 짝짓지 않은 전자 수로 옳지 않은 것은?

① He: 0개   ② Be: 0개   ③ Na: 1개

④ Al: 1개   ⑤ F: 5개

3

원소의 주기율표

〈2. 원자 구조〉에서 1808년 돌턴의 원자론을 시작으로, 1900년대 초까지 100여 년간 많은 과학자들의 헌신적인 노력으로 현대적인 원자 모형이 정립되는 과정을 살펴보았습니다. 이를 통해 우리는 원자 구조를 세세하게 이해할 수 있게 되었습니다. 그렇다면 원자 구조와 원소의 성질 간에는 어떤 상관 관계가 있을까요? 왜 그렇게 많은 과학자들이 오랜 기간 동안 원자 구조를 밝히는 데 매진했을까요? 그 이유는 원자 구조가 원소의 성질을 결정하고, 이 성질이 화학 반응을 좌우하기 때문입니다. 원소는 〈표 1.8〉에서 보았듯이 118가지로, 금속, 비금속, 준금속으로 분류됩니다. 이러한 성질의 차이는 바로 원소들의 원자 구조 차이에 기인합니다. 또한, 원소의 성질은 원자 내 전자 배치에 따라 주기적으로 반복되는 경향을 보입니다. 이 원소 성질의 주기성을 한눈에 파악할 수 있도록 정리한 것이 바로 '원소의 주기율표[37]'입니다. 따라서 이 장에서는 '원소의 주기율표'와 '원자 구조' 간의 상관관계를 학습합니다.

---

37) 주기율표는 '원소의 주기율표'만 있는 것이 아니다. 일상에서 흔히 접하는 주기율표로는 '달력'과 '시간'이 있다. '달력'은 1월에서 12월까지 매년 주기적으로 반복될 뿐만 아니라, 세부적으로는 일요일에서 토요일까지 매주 요일이 주기적으로 반복된다. 또한 '시간'은 0시에서 24시까지 매일 주기적으로 반복된다.

3.1
원소들 중에는 성질이 서로 유사한 것들이 있다

고대로부터 근대에 이르기까지 인류가 발견한 원소 수는 많지 않았습니다. 이때까지는 원소 수가 손에 꼽을 정도로 적었기 때문에 이를 분류하거나 정리할 필요성도 크지 않았습니다. 그러나 근대에 들어서면서 과학 기술이 발전함에 따라 하루가 다르게 새로운 원소들이 계속 발견되면서 원소들을 분류하여 정리할 필요성이 대두되었습니다.

1661년 보일(Boyle, R.)이 물질이 더 이상 분해되지 않는 기본 단위(원자)로 구성된다고 제안할 당시, 알려진 원소는 다음의 13가지뿐이었습니다.

〈1661년까지 발견된 13가지 원소〉
구리(Cu), 금(Au), 은(Ag), 주석(Sn), 철(Fe), 납(Pb), 수은(Hg), 아연(Zn),
비스무트(Bi), 안티몬(Sb), 비소(As), 탄소(C), 황(S)

이들 중 비금속은 탄소와 황 두 가지이고, 준금속은 안티몬과 비소 두 가지에 불과하며, 나머지 9가지는 금속입니다. 이러한 상황에서는 원소들을 성질에 따라 분류하기에 원소 수가 너무 적기도 했지만, 체계적으로 분류할 필요성도 느낄 수 없었습니다.

그랬던 것이 18세기 말 라부아지에가 '질량 불변 법칙'을 연구하던 시기에는 다음과 같은 11가지 원소가 추가로 발견되었습니다. 이후 평균 2년마다 1가지 정도가 새롭게 발견되었습니다.

<18세기 말까지 추가로 발견된 11가지 원소>
코발트(Co), 망간(Mn), 몰리브덴(Mo), 니켈(Ni), 백금(Pt), 텅스텐(W), 염소(Cl), 수소(H), 질소(N), 산소(O), 인(P)

이렇게 원소 수가 증가하면서, 원소들 간에 비슷한 성질을 나타내는 것들이 있다는 사실과 이들 사이에 일정한 경향성이 있음을 발견하기 시작했습니다. 이에 1829년 되베라이너(Döbereiner, J. W.)[38]는 일부 원소들은 세 가지씩 하나의 '족(族, Family)'으로 묶일 수 있으며, 각 그룹의 구성 원소들이 유사한 성질을 갖는다는 것을 발견했습니다. 그는 이러한 족을 **'삼원소족(triads)'**이라고 명명했습니다. 되베라이너의 삼원소족은 <표 3.1>과 같습니다.

표 3.1 되베라이너의 삼원소족.

Li	Ca	S	Cl
Na	Sr	Se	Br
K	Ba	Te	I

<표 3.1>의 되베라이너의 삼원소족을 <표 1.8> 및 <앞면 속지>의 현대 주기율표와 비교하면, Li, Na, K는 각각 1족의 2, 3, 4주기 원소들이고, Ca, Sr, Ba는 각각 2족의 4, 5, 6주기 원소들임을 알 수 있습니다. 그리고 S, Se, Te는 16족 원소들이고, Cl, Br, I는 17족 원소들입니다.

---

38) 되베라이너(Johann Wolfgang Döbereiner, 1780~1849): 독일의 물리학자이다. 원소의 주기성을 예시했고, 되베라이너 램프로 알려진 최초의 램프를 발명했다.

이어 1864년 뉴런즈(Newlands, J. A. R.)[39]는 원소들을 원자량이 증가하는 순서대로 배열했을 때, 여덟 번째마다 음악의 옥타브처럼 유사한 성질을 갖는 원소가 반복적으로 나타나는 주기적 성질을 가짐을 발견했습니다. 그는 이러한 현상을 '**옥타브 법칙** **(Law of Octaves)**'이라고 명명했습니다. 뉴런즈는 그 당시까지 발견된 원소들을 원자량 순으로 1에서 56까지 번호를 매겨 옥타브 법칙에 따라 배열했습니다. 뉴런즈의 옥타브 주기율표는 〈표 3.2〉와 같습니다.

표 3.2 뉴런즈의 옥타브 주기율표.[40]

도	레	미	파	솔	라	시
1 H	2 Li	3 Be	4 B	5 C	6 N	7 O
8 F	9 Na	10 Mg	11 Al	12 Si	13 P	14 S
15 Cl	16 K	17 Ca	19 Cr	18 Ti	20 Mn	21 Fe
22 Co, Ni	23 Cu	24 Zn	25 Y	26 In	27 As	28 Se
29 Br	30 Rb	31 Sr	33 Ce, La	32 Zr	34 Di, Mo	35 Rh, Ru
36 Pd	37 Ag	38 Cd	40 U	39 Sn	41 Sb	43 Te
42 I	44 Cs	45 Ba, V	46 Ta	47 W	48 Nb	49 Au
50 Pt, Ir	51 Os	52 Hg	53 Tl	54 Pb	55 Bi	56 Th

---

39) 뉴런즈(John Alexander Reina Newlands, 1837~1898): 영국의 화학자이다. 원소의 주기성에 관하여 연구했다.
40) 원래의 뉴런즈 주기율표는 족을 가로 방향, 주기를 세로 방향으로 배열되어 있다. 여기에서는 현대의 주기율표에 맞추어 족을 세로 방향, 주기를 가로 방향으로 바꾸었다.

그러나 뉴런즈는 옥타브 법칙에 집착하여 화학적 성질이 확연히 다른 원소들도 무리하게 원자량에 따라 같은 족에 배치함으로써 동시대인들에게 외면당했고, 논문은 게재를 거부당하는 수모를 겪어야 했습니다.

3.2
원소 간 성질의 유사성은 주기적으로 반복된다

1869년 멘델레예프(Mendeleev, D. I.)[41]는 63가지의 원소를 원소 기호, 원자량, 화학적 특성이 적힌 카드를 사용하여 원자량이 증가하는 순서로 배열했습니다. 이 과정에서 그는 원소의 화학적 특성이 주기적으로 반복된다는 사실을 발견했습니다. 이를 바탕으로 멘델레예프는 일부 원소의 원자량이 잘못되었을 수 있다고 생각했고, 그에 따라 배치를 수정했습니다. 예를 들어, 당시 원자량은 14이고 3가로 알려진 베릴륨(Be)은 멘델레예프의 배열에서 적절한 자리를 찾을 수 없었습니다. 이에 그는 Be의 원자량이 9.4이며 2가라는 결론을 내리고, 이를 2족의 첫 번째 자리에 배치했습니다. 이처럼 멘델레예프는 원소를 원자량 순으로 배열하되,[42] 화학적 특성과 맞지 않는 경우 배치를 조정하거나 빈칸으로 두는 등의 방법으로 순서를 계속 개선했습니다. 마침내 그는 1871년에 '주기율 법칙(Law of Periodicity)'을 공식화하고, 〈표 3.3〉과 같은 주기율표를 발표했습니다. 이 표는 최초의 주기율표로 인정받고 있습니다.

---

41) 멘델레예프(Dmitri Ivanovich Mendeleev, 1834~1907): 러시아의 화학자이다. 최초로 공인된 주기율표를 만들었다. 1906년 노벨상 후보로 추천되었으나 아레니우스의 반대로 수상하지 못했다. 1907년 72세의 나이로 사망했으며, 그해 다시 노벨상 후보로 추천되었으나 이번에도 아레니우스의 반대로 수상하지 못했다. 이후 노벨상은 사망자에게는 수여하지 않는 관례가 생겼다. 101번째 원소는 그의 업적을 기려 멘델레븀(Md)으로 명명되었다.
42) 멘델레예프가 주기율표 연구를 할 때까지 원자 번호는 알려지지 않았다.

표 3.3 1871년 멘델레예프가 발표한 주기율표.*

족	I족	II족	III족	IV족	V족	VI족	VII족	VIII족
1	H=1							
2	Li=7	Be=9.4	B=11	C=12	N=14	O=16	F=19	
3	Na=23	Mg=24	Al=27.3	Si=28	P=31	S=32	Cl=35.5	
4	K=39	Ca=40	-=44	Ti=48	V=51	Cr=52	Mn=55	Fe=56, Co=59 Ni=59, Cu=63
5	(Cu=63)	Zn=65	-=68	-=72	As=75	Se=78	Br=80	
6	Rb=85	Sr=87	?Yt=88	Zr=90	Nb=94	Mo=96	-=100	Ru=104, Rh=104 Pd=105, g=100
7	(Ag=108)	Cd=112	In=113	Sn=118	Sb=122	Te=128	I=127	
8	Cs=133	Ba=137	?Di=138	?Ce=140	—	—	—	— — — —
9	(—)	—	—	—	—			
10	—	—	?Er=178	?La=180	Ta=182	W=184	—	Os=195, Ir=517 Pt=198, Au=199
11	(Au=199)	Hg=200	Tl=204	Pb=207	Bi=208	—	—	
12	—	—	—	Th=231	—	U=240	—	— — — —

* 원소 기호 다음에 나타난 숫자는 원자량이다.

<표 3.3>에서 빈칸으로 표시한 곳은 멘델레예프가 그 자리에 해당하는 원소가 아직 발견되지 않았다고 생각한 곳입니다. 또한, 텔루르(Te)와 요오드(I)의 원자량은 1869년 각각 128과 127 amu[43]였으나, 멘델레예프는 원소의 성질에 따라 텔루르는 VI족에, 요오드는 VII족에 배치했습니다. 이는 원자량 순서와 반대로 배열한 것입니다.

멘델레예프 주기율표가 뛰어난 점은 같은 족에 속하는 원소들은 비슷한 성질을 가져야 함으로 빈칸에 채워질 원소의 성질을 예견할 수 있게 한 점입니다. 예를 들어,

---

43) 'amu'는 atomic mass unit의 줄임말로 '원자 질량 단위'이다.

IV족에서 규소(Si)와 주석(Sn) 사이에 속하는 게르마늄(Ge)은 멘델레예프의 주기율표가 만들어질 때까지 발견되지 않았습니다. 따라서 〈표 3.3〉에는 '-=72'로 표기되어 있습니다. 멘델레예프는 이를 '에카규소(ekasilicon)[44]'라고 불렀고, 규소와 주석의 중간적 성질을 가졌을 것으로 생각했습니다. 원자량 72.59 amu의 게르마늄(Ge)이 1886년에 발견되었을 때, 멘델레예프의 예견이 얼마나 뛰어난 지가 입증되었습니다.

이후 He, Ne, Ar 등 비활성 기체 원소가 발견되며, VIII족은 비활성 기체로 대체되었습니다. 또한, 원자 번호가 도입되면서 주기율표는 원자량 순에서 원자 번호 순으로 바뀌었습니다. 원자 번호의 개념은 1911년 반 덴 브록(van den Broek, A. J.)[45]이 원소의 원자핵에 있는 양전하(양성자) 수가 멘델레예프의 주기율표상의 원소 배열 순서와 일치함을 발견하고, 이를 '원소 번호(현재의 원자 번호)'로 제안하면서 시작되었습니다. 그는 원자 번호 50번(주석, Sn)까지 정확하게 결정했으나, 전문적인 과학자가 아니었기에 실험적으로 검증할 수 없었습니다.

이에 모즐리(Moseley, H. G. J.)[46]는 브록의 가설을 실험을 통해 검증하여, X-선 파장과 원자 번호 사이의 관계를 발견했습니다. 이를 통해 주기율표에서 원소의 순서를 원자 번호로 재구성할 수 있게 되었습니다. 이로써 멘델레예프의 주기율표에서 원자량과 원소 성질 간의 불일치 문제도 해결되었습니다.

이후 100여 년 동안 700편 이상의 주기율표에 대한 연구가 발표되었습니다. 그 결과, 현재는 〈표 3.4〉와 같은 형태의 주기율표를 표준으로 사용하고 있으며, 이러한 형태의 주기율표를 장주기형 주기율표라고 합니다. 주기율표에서 위에서 아래로의 열은 '**족(Family)**'이라고 하고, 왼쪽에서 오른쪽으로의 행은 '**주기**(Period)'라고 합니다. 따

---

44) 'eka-'는 산스크리트어로 1을 의미하는 접두사이다. 멘델레예프는 같은 족에서 이미 알려진 원소로부터 몇 칸 아래에 있는지에 따라 적당한 접두사를 붙였다. 따라서 에카규소는 규소 아래 첫 번째 칸에 들어갈 원소를 의미한다. 산스크리트어에서 'eka-'는 1, 'dvi-'는 2, 'tri-'는 3을 의미하는 접두사이다.

45) 반 덴 브록(Antonius Johannes van den Broek, 1870~1926): 네덜란드의 변호사이자 아마추어 물리학자이다. 원소 번호(현재의 원자 번호) 개념을 처음으로 제안했다.

46) 모즐리(Henry Gwyn Jeffreys Moseley, 1887~1915): 영국의 물리학자이다. 원자 번호에 대한 개념을 물리 법칙으로 정당화했다. 제1차 세계대전 중 갈리폴리 전투에서 전사했다.

라서 **주기율표는 비슷한 성질을 가진 원소들이 같은 족에 속하며, 같은 족 원소들이 주기를 따라 반복**됨을 보여줍니다.

　〈표 3.4〉에서 1, 2, 13~18(1A~8A)족을 **'전형 원소(Representative Elements)'**라고 하며, 3~12(3B~2B)족을 **'전이 원소(Transition Elements)'**라고 합니다. 끝으로 주기율표의 맨 아래쪽 두 개의 행에 배열된 원소들은 **'내부 전이 원소(Inner Transition Elements)'**라고 부릅니다. 내부 전이 원소는 실제로 주기율표 중앙 부분에 속하지만, 표가 너무 길어지는 것을 막기 위해 따로 떼어 내어 표시합니다. 이 중에서 원자 번호 57번에서 71번까지의 첫 번째 행은 란탄(La) 뒤에 오는 원소들로, **'란탄족(Lanthanides)'**이라고 부릅니다. 원자 번호 89번에서 103번까지의 두 번째 행은 악티늄(Ac) 뒤에 오는 원소들로, **'악티늄족(Actinoids)'**이라고 부릅니다.

　비슷한 성질을 갖는 원소들은 족을 나타내는 숫자뿐만 아니라 이름으로도 구분합니다. 예를 들어, 수소를 제외한 1족에 속하는 원소는 금속으로서 그 화합물들이 알칼리성을 나타내므로 **'알칼리 금속(Alkali Metal)'**이라 부릅니다. 2족에 속하는 원소들은 광물에서 발견되며 이들의 화합물도 알칼리성이기 때문에 **'알칼리 토금속(Alkali Earth Metal)'**이라고 합니다. 17족 원소들은 **'할로겐(Halogen)'**이라고 부르는데, 이는 그리스어로 '염을 만드는'이라는 뜻에서 유래했습니다. 끝으로, 18족 원소들은 반응성이 매우 낮고 상온에서 기체이므로 **'비활성 기체(Noble Gas, Inert Gas)'**라고 부릅니다.

연습 3.1 다음 중 원소의 주기성과 주기율표에 관한 설명으로 옳지 않은 것은?

① 원소의 주기성은 원자량이 아니라 원자 번호에 따라 나타난다.

② 주기율표에서 '족'은 상하로 같은 열을, '주기'는 좌우로 같은 행을 말한다.

③ 현대의 주기율표에서 1, 2, 13~18족은 '전형 원소' 또는 'A족', 3~12족은 '전이 원소' 또는 'B족'이라고 한다.

④ 멘델레예프는 63가지 원소를 원자량 순으로 배열하여, 옥타브 법칙에 따라 빈칸 없이 주기율표에 배치할 수 있었다.

⑤ 옥타브 법칙은 원자들을 원자량 순으로 배열했을 때, 여덟 번째마다 유사한 성질을 갖는 원소가 나타나는 것을 말한다.

표 3.4 현대 원소의 주기율표.

| 1 (1A) | 2 (2A) | 표기법 | | | | 3 (3B) | 4 (4B) | 5 (5B) | 6 (6B) | 7 (7B) | 8 | 9 (8B) |

표기법:
원자 번호
원소 기호
원자량*

| 금속 | 준금속 | 비금속 |

주기	1 (1A)	2 (2A)	3 (3B)	4 (4B)	5 (5B)	6 (6B)	7 (7B)	8	9 (8B)
1	1 H 1.008								
2	3 Li 6.94	4 Be 9.0122							
3	11 Na 22.990	12 Mg 24.305							
4	19 K 39.098	20 Ca 40.074(4)	21 Sc 44.956	22 Ti 47.867	23 V 50.942	24 Cr 51.996	25 Mn 54.938	26 Fe 55.845(2)	27 Co 58.933
5	37 Rb 85.468	38 Sr 87.62	39 Y 88.906	40 Zr 91.224(2)	41 Nb 92.906	42 Mo 95.95	43 Tc [98]	44 Ru 101.07(2)	45 Rh 102.91
6	55 Cs 132.91	56 Ba 137.33	57-71 란탄족	72 Hf 178.49(2)	73 Ta 180.95	74 W 183.84	75 Re 186.21	76 Os 190.23(3)	77 Ir 192.22
7	87 Fr [223]	88 Ra [226]	89-103 악티늄족	104 Rf [267]	105 Db [270]	106 Sg [271]	107 Bh [270]	108 Hs [277]	109 Mt [278]

6 란탄족	57 La 138.91	58 Ce 140.12	59 Pr 140.91	60 Nd 144.24	61 Pm [145]	62 Sm 150.36(2)	63 Eu 151.96	64 Gd 157.25(3
7 악티늄족	89 Ac [227]	90 Th 232.04	91 Pa 231.04	92 U 238.03	93 Np [237]	94 Pu [244]	95 Am [243]	96 Cm [247]

* 대괄호 '[ ]'안의 숫자는 평균 원자량을 명확하게 정의할 수 없는 불확실성이 큰 원자량이다.

			13 (3A)	14 (4A)	15 (5A)	16 (6A)	17 (7A)	18 (8A)
								2 **He** 4.0026
			5 **B** 10.81	6 **C** 12.011	7 **N** 14.007	8 **O** 15.999	9 **F** 18.998	10 **Ne** 20.180
10	11 (9B)	12 (10B)	13 **Al** 26.982	14 **Si** 28.085	15 **P** 30.974	16 **S** 32.06	17 **Cl** 35.45	18 **Ar** 39.984
28 **Ni** 58.693	29 **Cu** 63.546(3)	30 **Zn** 65.38(2)	31 **Ga** 69.723	32 **Ge** 72.630(8)	33 **As** 74.922	34 **Se** 78.971(8)	35 **Br** 79.904	36 **Kr** 83.798(2)
46 **Pd** 106.42	47 **Ag** 107.87	48 **Cd** 112.41	49 **In** 114.82	50 **Sn** 118.71	51 **Sb** 121.76	52 **Te** 127.60(3)	53 **I** 126.90	54 **Xe** 131.29
78 **Pt** 195.08	79 **Au** 196.97	80 **Hg** 200.59	81 **Tl** 204.38	82 **Pb** 207.2	83 **Bi** 208.98	84 **Po** [209]	85 **At** [210]	86 **Rn** [222]
110 **Ds** [281]	111 **Rg** [282]	112 **Cn** [285]	113 **Nh** [286]	114 **Fl** [289]	115 **Mc** [290]	116 **Lv** [293]	117 **Ts** [294]	118 **Og** [294]

65 **Tb** 158.93	66 **Dy** 162.50	67 **Ho** 164.93	68 **Er** 167.26	69 **Tm** 168.93	70 **Yb** 173.05	71 **Lu** 174.97
97 **Bk** [247]	98 **Cf** [251]	99 **Es** [252]	100 **Fm** [257]	101 **Md** [258]	102 **No** [259]	103 **Lr** [262]

3.3
원소의 주기성은 원자 구조에 의해 결정된다

앞절에서 원자핵과 양성자가 발견됨으로써 주기율표에서 원소 배열 순서는 원자량에 의한 것이 아니라 원자 번호(즉, 양성자 수)에 의한 것임을 보았습니다. 20세기 들어 양자역학이 발전하며 상세한 원자 구조가 밝혀지자(2.5절) 원소의 주기적 성질은 원자 내 전자 배치(2.6절)에 의해 결정되는 것임을 알게 되었습니다.

전자 배치와 주기율표

현대의 원자 구조에 따르면, 전자는 1차적으로 주양자수 n = 1, 2, 3, 4, …에 따른 전자 껍질에 각각 2, 8, 18, 32, …개의 전자가 배치될 수 있습니다. 원자 번호 20번까지 원소의 각 전자 껍질에 대한 전자 배치를 하면, 〈그림 3.1〉과 같이 됩니다.

〈그림 3.1〉을 보면, 1주기 원소는 '**최외각(맨 바깥 쪽 전자 껍질, outermost shell)**'인 K각의 $1s$ 궤도함수에 전자가 채워진 원소들임을 알 수 있습니다. 여기서 $1s$ 궤도함수에는 전자가 최대 2개까지 들어갈 수 있으므로 1주기 원소는 2개(H와 He)만 있습니다.

2주기와 3주기 원소들의 전자 배치를 보면, 2주기 원소들은 안쪽의 n = 1인 K각에는 전자가 모두 채워지고, $n = 2$인 L각에 $2s^1$에서부터 $2s^2 2p^6$까지 1~8개의 전자가 차례로 채워집니다. 이어 3주기 원소들은 K각과 L각에 전자가 모두 채워지고, 최외각이 $n = 3$인 M각에 $3s^1$에서부터 $3s^2 3p^6$까지 1~8개의 전자가 차례로 채워집니다. 그러므로 주기율표에서 '주기수'는 원자 구조에서 최외각 궤도의 주양자수(또는 전자가 채워진 궤도의 총수)와 일치함을 알 수 있습니다.

한편, '족수'는 1주기 원소는 전자가 2개까지만 들어갈 수 있으므로 헬륨(He)을 제외하면,[47] 1족은 최외각 전자가 1개, 2족은 최외각 전자가 2개, 13(10 + 3)족은 최외각 전자가 3개, …, 18(10 + 8)족은 최외각 전자가 8개입니다. 여기에서 최외각에 들어 있는 전자를 **'원자가 전자(原子價電子, Valence Electron)'**라고 합니다.

---

[47] 헬륨은 비록 최외각 전자가 2개뿐이지만, 비활성 기체이므로 다른 비활성 기체인 네온(Ne), 아르곤(Ar) 등과 함께 18족(8A족)으로 분류된다.

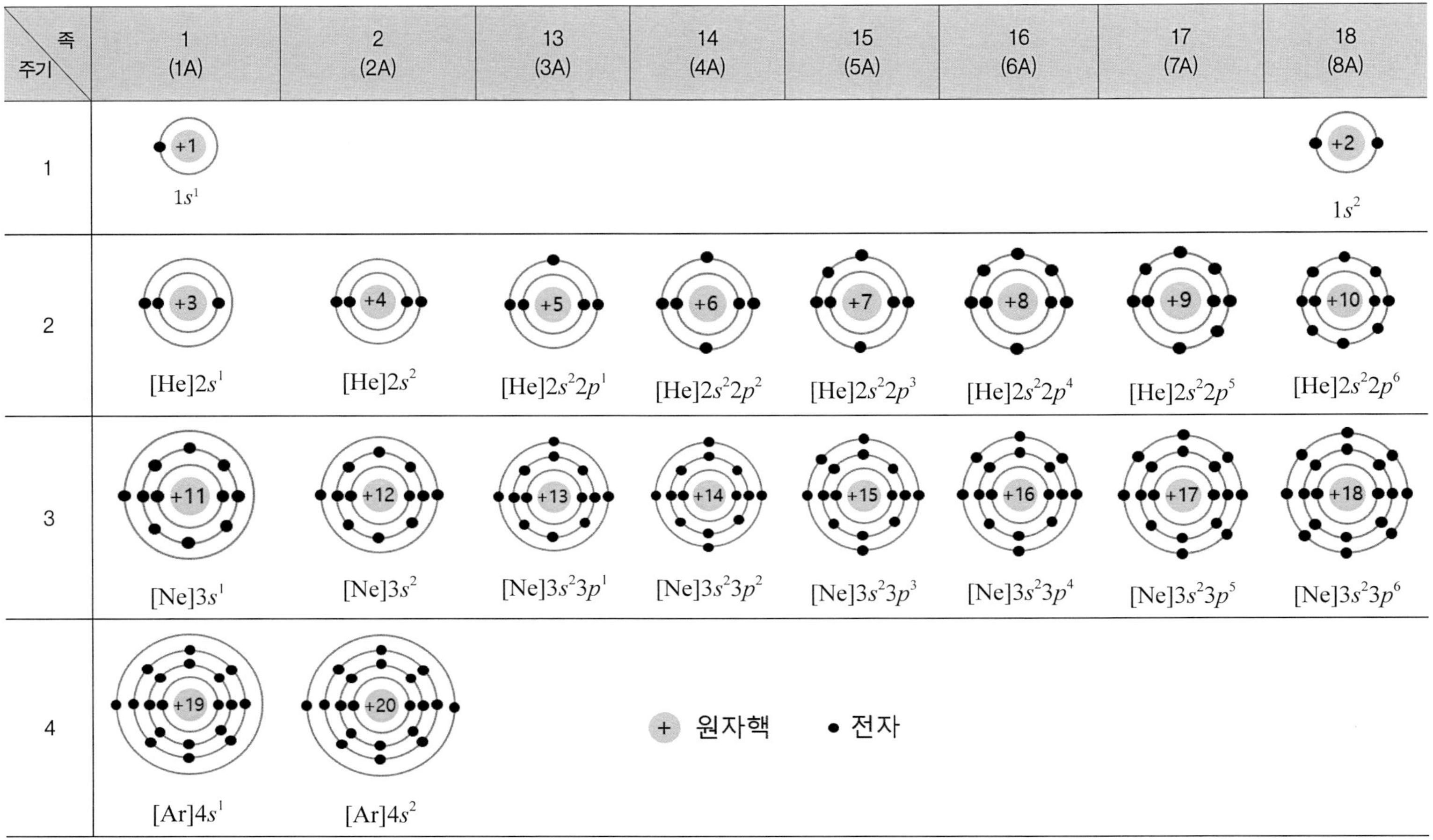

족 / 주기	1 (1A)	2 (2A)	13 (3A)	14 (4A)	15 (5A)	16 (6A)	17 (7A)	18 (8A)
1	+1 $1s^1$							+2 $1s^2$
2	+3 [He]$2s^1$	+4 [He]$2s^2$	+5 [He]$2s^22p^1$	+6 [He]$2s^22p^2$	+7 [He]$2s^22p^3$	+8 [He]$2s^22p^4$	+9 [He]$2s^22p^5$	+10 [He]$2s^22p^6$
3	+11 [Ne]$3s^1$	+12 [Ne]$3s^2$	+13 [Ne]$3s^23p^1$	+14 [Ne]$3s^23p^2$	+15 [Ne]$3s^23p^3$	+16 [Ne]$3s^23p^4$	+17 [Ne]$3s^23p^5$	+18 [Ne]$3s^23p^6$
4	+19 [Ar]$4s^1$	+20 [Ar]$4s^2$						

+ 원자핵   • 전자

그림 3.1 원자 번호 20번까지 원소의 전자 껍질에 대한 전자 배치 모형.

따라서, '족수'는 원자 구조에서 '원자가 전자 수'와 관련이 있으며, 같은 족에 속하는 원소들은 동일한 수의 '원자가 전자'를 가지고 있습니다. **같은 족 원소들이 비슷한 화학적 성질을 나타내는 이유는 '원자가 전자'의 수가 같기 때문**입니다.

주기율표는 원자 번호(양성자 수) 순으로 원소가 배열되어 있습니다. 이는 중성 원자에서 양전하를 띤 양성자 수와 음전하를 띤 전자 수가 같기 때문에, 주기율표가 전자 수 순으로 배열되어 있다는 의미이기도 합니다. 다시 말해, 주기율표에서 원소의 위치는 중성 원자의 바닥 상태 전자 배치 상태에 따라 결정된다는 뜻입니다. 이에 〈2.6절〉에서 다룬 원자의 전자 배치 순서를 $7p$ 궤도함수까지 확장하면 다음과 같습니다.

$$1s \rightarrow 2s \rightarrow 2p \rightarrow 3s \rightarrow 3p \rightarrow 4s \rightarrow 3d \rightarrow 4p \rightarrow 5s \rightarrow 4d \rightarrow 5p \rightarrow 6s \rightarrow 4f \rightarrow$$
$$5d \rightarrow 6p \rightarrow 7s \rightarrow 5f \rightarrow 6d \rightarrow 7p$$

이 배치를 $1s$, $2s$, $\cdots$, $7s$가 처음으로 나오는 것을 기준으로 그룹화하면 다음과 같이 됩니다.

$$[1s] \rightarrow [2s \rightarrow 2p] \rightarrow [3s \rightarrow 3p] \rightarrow [4s \rightarrow 3d \rightarrow 4p] \rightarrow [5s \rightarrow 4d \rightarrow 5p] \rightarrow$$
$$[6s \rightarrow 4f \rightarrow 5d \rightarrow 6p] \rightarrow [7s \rightarrow 5f \rightarrow 6d \rightarrow 7p]$$

이 각 그룹을 1주기에서 7주기까지 주기율표의 주기에 맞춰 배열하면, 전자 배치와 주기율표 사이에는 〈그림 3.2〉와 같은 관계가 있음을 알 수 있습니다. 〈그림 3.2〉를 보면, s 궤도함수와 p 궤도함수의 n 값은 주기수와 일치하며 이들이 전형 원소가 되는 것을 볼 수 있습니다. 전이 원소들은 d 궤도함수에 전자가 채워진 원소들이며, 이 d 궤도함수들은 n 값이 주기수보다 1이 작은 $n - 1$의 값을 가짐을 알 수 있습니다. 또한, 내부 전이 원소(란탄족과 악티늄족)는 n 값이 주기수보다 2가 작은 $n - 2$의 값을 가집니다.

주기					원소 수
1	1s				2
2	2s			2p	8
3	3s			3p	8
4	4s	3d		4p	18
5	5s	4d		5p	18
6	6s	4f	5d	6p	32
7	7s	5f	6d	7p	32

그림 3.2 주기율표와 전자 배치 관계도.

그리고, 1주기 원소들은 맨 바깥쪽에 $1s$ 궤도함수가 있으며, $1s$ 궤도함수에는 최대 2개의 전자가 채워질 수 있어 2가지 원소가 있습니다. 2주기 원소들은 맨 바깥쪽에 $2s$와 $2p$ 궤도함수가 있고, $2s$ 궤도함수에는 최대 2개의 전자, $2p$ 궤도함수에는 최대 6개의 전자가 채워질 수 있어 총 8가지 원소가 있습니다. 이와 같은 원리에 따라 3주기 원소도 8가지가 있으며, 4주기와 5주기에는 각각 18가지, 6주기와 7주기에는 각각 32가지의 원소가 존재합니다. 따라서 주기와 족 번호를 알면 그 원소의 원자 번호를 쉽게 구할 수 있습니다.

예를 들면, 산소(O)는 2주기 16(6A)족 원소입니다. 따라서 1주기에 2가지의 원소가 있고, 2주기에서 6번째 원소이므로 '2 + 6 = 8'이 되어 산소의 원자 번호는 8임을 알 수 있습니다. 또한, 브롬(Br)은 4주기 17(7A)족 원소입니다. 그러므로 브롬은 위에 1~3주기 원소들이 있고, 4주기에서는 17번째 원소입니다. 따라서 '(2 + 8 + 8) + 17 = 35'이므로 브롬의 원자 번호는 35가 됩니다.

이 원리를 역으로 사용하면 원자 번호로부터 원소의 주기와 족도 쉽게 구할 수 있습니다.

다음 원소의 원자 번호를 구하시오.

(1) C(2주기 14족)　　　　　　(2) Mg(3주기 2족)

(3) P(3주기 15족)　　　　　　(4) K(4주기 1족)

(5) Ge(4주기 14족)

다음 원소의 주기와 족을 구하시오.

(1) Na(원자 번호 = 11)　　　　(2) Cl(원자 번호 = 17)

(3) Ca(원자 번호 = 20)　　　　(4) I(원자 번호 = 53)

(5) Pt(원자 번호 = 78)

원자의 크기

원소의 많은 성질은 같은 주기에서 왼쪽에서 오른쪽으로 갈 때, 그리고 같은 족에서 위에서 아래로 갈 때 일정한 방식으로 변화합니다. 원자의 크기도 이와 같이 변화합니다. 전형 원소들의 원자 반지름과 크기 변화는 〈그림 3.3〉과 같습니다.

원자 반지름 감소 →

주기 \ 족	1 (1A)	2 (2A)	13 (3A)	14 (4A)	15 (5A)	16 (6A)	17 (7A)	18 (8A)
1	H 32							He 50
2	Li 152	Be 112	B 98	C 91	N 92	O 73	F 72	Ne 70
3	Na 186	Mg 160	Al 143	Si 132	P 128	S 127	Cl 99	Ar 98
4	K 227	Ca 197	Ga 135	Ge 137	As 139	Se 140	Br 114	Kr 112
5	Rb 228	Sr 215	In 166	Sn 162	Sb 159	Te 160	I 133	Xe 131
6	Cs 265	Ba 222	Tl 171	Pb 175	Bi 170	Po 164	At 142	Rn 140

(세로 화살표) 원자 반지름 증가 ↓

그림 3.3 전형 원소들의 원자 반지름과 크기 변화(단위: pm).[48]

따라서 주기율표에서 원자 크기 변화의 경향성은 다음과 같습니다.

같은 족: 주기수 증가 → 원자 크기 증가

---

[48] 원자는 대부분 자연 상태에서 홀로 존재하지 않고 다른 원자와 이웃하고 있기 때문에 원자의 크기를 정확히 정의하는 것은 매우 어렵다. 따라서 여기에서 제공하는 원자 반지름은 절대적인 값으로 간주될 수 없다. 원자 반지름은 상대적인 경향성을 파악하는 용도로만 사용해야 한다.

같은 주기: 족수 증가 → 원자 크기 감소

같은 족에서는 주기수가 증가할수록 원자 반지름이 증가합니다. 이는 **같은 족에서 주기수가 증가하면 전자 껍질 수가 증가하여 원자가 커지기 때문**입니다(그림 3.1). 그렇다면, 같은 주기에서 족수가 증가하면 왜 원자의 크기가 작아지는 걸까요? 이는 '**유효 핵전하(Effective Nuclear Charge, Z_{eff})**'로 설명됩니다.

유효 핵전하는 최외각 전자가 핵의 양전하로부터 받는 전기적 인력의 세기를 나타냅니다. 이는 대략적으로 다음과 같이 구합니다.

$$Z_{eff} \approx Z - S \tag{3.1}$$

여기서 Z_{eff}는 최외각 전자가 느끼는 유효 핵전하이고, Z는 원자 번호로 핵의 양성자 수를 의미하며, S는 내부 전자 수로 핵전하가 최외각 전자에 미치는 인력을 차폐하는 전자 수입니다.

같은 주기(즉, 같은 전자 껍질)에 있는 원자들은 원자 번호가 증가해도 내부 전자 수는 변하지 않습니다. 그러나 원자 번호가 증가함에 따라 핵의 양성자 수는 점점 많아집니다. 이로 인해 최외각 전자가 받는 인력이 점점 강해지며, 결과적으로 최외각 전자는 핵 쪽으로 더 강하게 끌려들어 갑니다. 따라서, **같은 주기 내에서 원자 번호가 증가할수록 원자 반지름은 작아집니다.**

〈식 3.1〉을 사용하여 3주기 원소들의 유효 핵전하(Z_{eff})를 구한 후, 이를 〈그림 3.3〉에 나타난 원자 반지름과 비교하면, 〈표 3.5〉와 같은 결과를 얻을 수 있습니다.

표 3.5 3주기 원소의 유효 핵전하와 반지름 비교.

원소	Na	Mg	Al	Si	P	S	Cl	Ar
원자 번호(Z)	11	12	13	14	15	16	17	18
내부 전자 수(S)	10	10	10	10	10	10	10	10
유효 핵전하(Z_{eff})	1	2	3	4	5	6	7	8
원자 반지름(pm[49])	186	160	143	132	128	127	99	98

〈표 3.5〉를 보면, 3주기에서 Na에서 Ar로 오른쪽으로 갈수록 원자 번호 Z는 11에서 18로 증가합니다. 그러나 내부 전자 수 S는 10으로 동일합니다. 따라서 유효 핵전하 Z_{eff}는 1에서 8로 증가하고, 원자 반지름은 186 pm에서 98 pm로 점차적으로 감소합니다. 〈그림 3.3〉의 원소들에 대해 원자 번호에 따른 원자 반지름을 도시하면 〈그림 3.4〉와 같이 나타납니다.

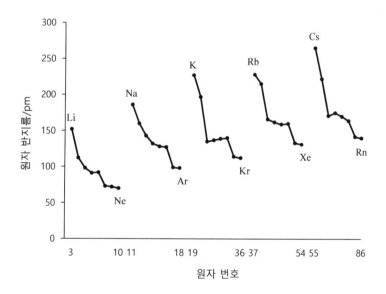

그림 3.4 전형 원소들의 원자 번호와 원자 반지름 관계.

---

49)   1 pm(피코미터)은 1×10^{12} m이다.

<그림 3.4>에서 1족 원소들(Li, Na, K, Rb, Cs)과 18족 원소들(Ne, Ar, Kr, Xe, Rn)을 보면, 주기수가 커질수록 원자 반지름이 커지는 경향성을 확인할 수 있습니다. 또한, 같은 주기 원소들(Li~Ne, Na~Ar, K~Kr, Rb~Xe, Cs~Rn)에서는 원자 번호가 증가할수록 원자 반지름이 작아지는 경향성도 확인할 수 있습니다. 이와 같이 원자의 크기는 족 수와 주기수에 연동되어 변하는 함수 관계에 있습니다.

이러한 원자의 크기 변화는 다음 장에서 공부할 '원소의 성질과 반응성'을 이해하는 데에도 매우 중요합니다. 원자 크기 변화의 경향성을 잘 숙지해 두기 바랍니다.

연습 3.4 다음 중 원자의 크기에 대한 설명으로 옳지 않은 것을 모두 고르시오.

① 같은 족 원소는 주기수가 커질수록 커진다.
② 같은 주기 원소는 족수가 커질수록 커진다.
③ 같은 족에서 전자 껍질 수가 많아지면 원자는 커진다.
④ 같은 주기에서 원자 번호가 증가하면, 전자 간 반발력이 커져 원자가 커진다.
⑤ 유효 핵전하는 최외각 전자가 핵의 양전하로부터 받는 실효적인 정전기적 인력을 말한다.

3.5 다음 중 옳지 않은 것은?

① '전이 원소'는 d 궤도함수에 전자가 채워지는 원소이다.

② 란탄족과 악티늄족은 '내부 전이 원소'이고, 각각 $4f$와 $5f$ 궤도함수에 전자가 채워진다.

③ 1족과 2족에 속하는 원소들은 모두 금속이며, 1족은 '알칼리 금속', 2족은 '알칼리 토금속'이라고 한다.

④ 1A, 2A와 같이 숫자 뒤에 A가 붙은 족에 속하는 원소들을 '전형 원소'라고 하고, 3B에서 2B까지 숫자 뒤에 B가 붙은 족에 속하는 원소들을 '전이 원소'라고 한다.

⑤ 17족 원소들은 '할로겐'이라 하는데, 이는 '염을 만드는'이라는 그리스어에서 유래했으며, 18족 원소들은 반응성이 낮고 상온에서 기체 상태이기 때문에 '비활성 기체'라고 부른다.

3.6 15족 원소의 최외각 전자에 대한 일반적인 전자 배치는 ns^2np^3이다. 다음 원소의 최외각 전자의 일반적인 전자 배치는 어떻게 되는가?

(1) 알칼리 토금속

(2) 할로겐 족

(3) 비활성 기체

(4) 4A 족

3.7 다음의 전자 배치를 갖는 원소의 주기와 족을 구하고, 이들 원소의 원소 기호를 쓰시오.

(1) $[\text{He}]2s^22p^5$

(2) $[\text{Ne}]3s^23p^1$

(3) $[\text{Ne}]3s^23p^4$

(4) $[\text{Ar}]4s^23d^{10}4p^3$

(5) $[\text{Ar}]4s^23d^{10}4p^5$

3.8 다음을 구하시오.

(1) 산소 원자의 원자가 전자 수

(2) 규소 원자의 원자가 전자 수

(3) Se(원자 번호 34)의 $4p$ 궤도함수에 있는 전자 수

3.9 다음 전자 배치 중에 화학적 성질이 비슷한 쌍으로 고른 것은?

(ㄱ) $[He]2s^22p^4$	(ㄴ) $[He]2s^22p^5$
(ㄷ) $[Ar]4s^23d^5$	(ㄹ) $[Ar]4s^23d^{10}4p^5$

① ㄱ, ㄴ   ② ㄱ, ㄷ

③ ㄱ, ㄹ   ④ ㄴ, ㄷ

⑤ ㄴ, ㄹ   ⑥ ㄷ, ㄹ

3.10 다음 원자들을 큰 것에서 작은 것 순으로 나열하시오.

Be	F	Na	Mg

4

원소의 성질과 반응성

앞 장인 〈3. 주기율표〉에서는 '원소의 주기율표'가 만들어지는 과정과 주기율표 상의 원소 성질의 주기성이 '원자 구조', 특히 전자 배치에 따른 것임을 확인했습니다. 원소의 성질이 원자의 전자 배치에 의해 결정된다면, 어떤 요소가 원소 간 성질의 차이를 만드는 것일까요? 이 장에서는 전자 배치의 차이에 따라 어떤 원소는 금속이 되고, 어떤 원소는 비금속이 되며, 또 다른 원소는 준금속이 되는지를 학습할 것입니다. 이어서, 같은 금속이나 비금속이라도 어떻게 화학적 반응성이 달라지는지 그 이유를 탐구하겠습니다. 마지막으로, 이러한 내용을 바탕으로 전형 원소들을 족별로 살펴보며, 이들의 반응성을 이해하고 이러한 반응성이 실제 화학적 거동에 어떻게 나타나는지 살펴보겠습니다.

4.1
원자가 전자를 잃거나 얻으면
반응성이 높은 이온이 된다

원자는 그 자체로는 양전하를 띤 양성자 수와 음전하를 띤 전자 수가 같기 때문에 중성 상태입니다. 중성 상태의 원자는 반응성이 낮아 화학적 변화를 일으키기 어렵습니다. 그렇다면, 한 원소가 다른 원소와 결합하여 화합물을 형성하는 반응은 어떻게 일어날까요? 이는 원자가 중성 상태가 아닌, 반응성이 높은 상태로 변할 때 가능해집니다. 이처럼 원자가 반응성이 높은 상태로 변한 것을 '이온(Ion)'이라고 합니다.

이온에는 두 가지 종류가 있습니다. 하나는 원자가 1개 이상의 전자를 잃어서 만들어지는 이온으로, 중성 원자가 음전하를 띤 전자를 잃으면 원자 자체는 양전하를 띠게 됩니다. 이를 '양이온(Cation)'이라고 합니다. 다른 하나는 양이온과 반대되는 성질을 가진 '음이온(Anion)'입니다. 음이온은 원자가 1개 이상의 전자를 얻어서 만들어지며, 중성 원자가 전자를 얻으면 음전하를 띠게 됩니다. 따라서 양이온과 음이온은 다음과 같이 정의할 수 있습니다.

양(+)이온: 중성 원자가 전자를 잃어 만들어진 이온
음(-)이온: 중성 원자가 전자를 얻어 만들어진 이온

예를 들어, 원자 번호가 11인 나트륨(Na) 원자가 전자를 하나 잃으면, Na는 양성자 11개와 전자 10개로 구성되어 1+가의 양이온이 됩니다. 이를 Na^+로 표기합니다.

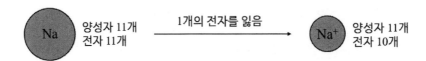

반면, 원자 번호가 17인 염소(Cl) 원자가 전자를 하나 얻으면, Cl은 양성자 17개와 전자 18개로 구성되어 1-가의 음이온이 됩니다. 이를 Cl⁻로 표기합니다.

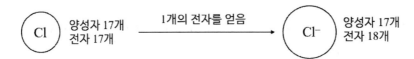

이와 같이 원자가 전자를 잃거나 얻어서 이온이 되면, 양이온과 음이온 사이에는 **정전기적 인력이 작용하여 서로를 끌어당깁니다. 이러한 정전기적 인력으로 인해 이온은 활발하게 화학 반응을 일으킬 수 있는 반응성 높은 물질이** 됩니다.

4.2
전자를 잃기 쉬운 원소는 양이온,
전자를 얻기 쉬운 원소는 음이온이 된다

위에서 Na는 전자를 잃어 양이온이 되었고, Cl은 전자를 얻어 음이온이 되었습니다. 그렇다면, 왜 Na는 전자를 잃어 양이온이 되고, Cl는 전자를 얻어 음이온이 될까요? 결론부터 말하자면, Na은 전자를 잃기 쉬운 원소이며, Cl는 전자를 얻는 것이 잃는 것보다 유리한 원소이기 때문입니다. 다른 원소들도 마찬가지로, 전자를 잃기 쉬운 원소는 양이온이 되고, 전자를 얻는 것이 유리한 원소는 음이온이 됩니다.

그렇다면, 어떤 원소가 양이온이 되기 쉬운지 또는 음이온이 되기 쉬운지는 어떻게 알 수 있을까요? 이를 판단하는 척도로 사용되는 것이 바로 '이온화 에너지'와 '전자 친화도'입니다.

이온화 에너지(I)

'이온화 에너지(Ionization Energy, I)'는 원자로부터 전자를 떼어내어 양이온이 되는 데 필요한 에너지로, 값이 작을수록 전자를 쉽게 잃어 양이온이 되기 쉽습니다. 이온화 에너지는 다음과 같이 정의합니다.

이온화 에너지(I): 바닥 상태에 있는 기체 상태 원자로부터 전자를 떼어내는 데 필요한 최소 에너지(kJ/mol)

이때, 원자로부터 처음으로 전자 한 개를 떼어내는 데 필요한 에너지를 1차 이온화 에너지(1st ionization energy, I_1), 두 번째 전자를 떼어내는 데 필요한 에너지를 2차 이온화 에너지(2nd ionization energy, I_2), 세 번째 전자를 떼어내는 데 필요한 에너지를 3차 이온화 에너지(3rd ionization energy, I_3), ⋯라고 합니다. 이 과정을 식으로 나타내면 다음과 같습니다.

$$X(g) + I_1 \rightarrow X^+(g) + e^- \qquad I_1 : \text{1차 이온화 에너지} \qquad (4.1)$$

$$X^+(g) + I_2 \rightarrow X^{2+}(g) + e^- \qquad I_2 : \text{2차 이온화 에너지} \qquad (4.2)$$

$$X^{2+}(g) + I_3 \rightarrow X^{3+}(g) + e^- \qquad I_3 : \text{3차 이온화 에너지} \qquad (4.3)$$

$$\cdots \qquad\qquad\qquad \cdots$$

여기서 X는 임의의 원소이고, 괄호 안의 g는 기체 상태(gaseous state)를 의미합니다.

주기율표에서 처음 20가지 원소(원자 번호 1~20)의 순차적인 이온화 에너지를 나타내면 〈표 4.1〉과 같습니다. 더 많은 원소에 대한 이온화 에너지는 〈부록 2〉에 수록해 놓았습니다. 필요할 때 참조하기 바랍니다.

〈표 4.1〉을 보면, 1차 이온화 에너지 값보다 2차 이온화 에너지 값이 크고, 2차 이온화 에너지 값보다 3차 이온화 에너지 값이 큽니다. 이러한 경향은 원자로부터 전자를 떼어낼 때, 전자를 하나 떼어낼 때 마다 전자 간 반발력은 감소하지만, 핵의 양전하는 변하지 않기 때문입니다. 따라서 첫 번째보다 두 번째 전자를 떼어낼 때 더 많은 에너지가 필요하고, 두 번째보다 세 번째 전자를 떼어낼 때 더 많은 에너지가 필요합니다. 그러므로 같은 원소의 이온화 에너지는 차수가 높아질수록 다음과 같이 커집니다.

표 4.1 처음 20가지 원소의 이온화 에너지(kJ/mol).

Z	원소	1차	2차	3차	4차	5차	6차	7차
1	H	**1,312**						
2	He	**2,372**	5,250					
3	Li	**520**	7,298	11,815				
4	Be	**899**	**1,757**	14,848	21,006			
5	B	**801**	**2,427**	**3,660**	25,025	32,826		
6	C	**1,086**	2,353	4,620	6,223	37,829	47,276	
7	N	**1,402**	2,856	4,578	7,475	9,445	53,267	64,360
8	O	**1,314**	3,388	5,300	7,469	10,989	13,326	71,330
9	F	**1,681**	3,374	6,050	8,408	11,022	15,164	17,868
10	Ne	**2,081**	3,952	6,122	9,370	12,177	15,238	19,999
11	Na	**496**	4,562	6,912	9,543	13,352	16,610	20,177
12	Mg	**738**	**1,451**	7,733	10,540	13,629	17,994	21,717
13	Al	**578**	**1,817**	**2,745**	11,577	14,831	18,377	23,326
14	Si	**786**	**1,577**	**3,232**	**4,355**	16,091	19,784	23,780
15	P	**1,012**	1,903	2,912	4,956	6,274	21,268	25,431
16	S	**1,000**	2,251	3,361	4,564	7,012	8,495	27,107
17	Cl	**1,251**	2,297	3,822	5,158	6,540	9,362	11,018
18	Ar	**1,521**	2,666	3,931	5,771	7,238	8,781	11,995
19	K	**419**	3,051	4,411	5,877	7,975	9,649	11,343
20	Ca	**590**	**1,145**	4,912	6,474	8,144	10,496	12,270

$$I_1 < I_2 < I_3 \cdots \tag{4.4}$$

또한, <표 4.1>에서 1족 원소인 Li, Na, K의 1차 이온화 에너지는 각각 520, 496, 419 kJ/mol이지만, 2차 이온화 에너지는 각각 7298, 4562, 3051 kJ/mol로 급격하게 증가하는 것을 볼 수 있습니다. 이러한 현상은 2족 원소인 Be, Mg, Ca에서는 2차 이온화 에너지와 3차 이온화 에너지 사이에서 발생하며, 3족 원소인 B, Al에서는 3차 이온화 에너지와 4차 이온화 에너지 사이에서 발생합니다.

이러한 이온화 에너지의 급등 현상은 원자가 '족수'만큼의 전자를 잃은 후, 즉 최외각 전자를 모두 잃은 후 그 다음 전자를 떼어낼 때 일어남을 나타냅니다. 이는 원자가 최외각의 전자를 모두 잃고 비활성 기체의 전자 배치를 가지게 되면, 그 구조가 매우 안정적이어서 쉽게 깨지기 어렵기 때문입니다. 따라서 전자를 잃기 쉬운 원소들은 최외각 전자 수에 해당하는 양이온이 됩니다.

예를 들어, 1족 원소들은 $[He]2s^1$, $[Ne]3s^1$, $[Ar]4s^1$, $\cdots$의 전자 배치를 가지며, 비활성 기체의 전자 배치 외에 s 궤도함수에 1개의 전자를 더 가지고 있습니다. 따라서 이들은 전자를 하나 잃고 1+가의 양이온이 되기 쉽습니다. 마찬가지로, 2족 원소들은 $[He]2s^2$, $[Ne]3s^2$, $[Ar]4s^2$, $\cdots$의 전자 배치를 가지며, 최외각에 있는 전자를 두 개 잃고 2+가의 양이온이 되기 쉽습니다. 그리고 3족 원소들($[He]2s^22p^1$, $[Ne]3s^23p^1$, $[Ar]4s^24p^1$, $\cdots$)은 전자를 세 개 잃고 3+가의 양이온이 되기 쉽습니다.

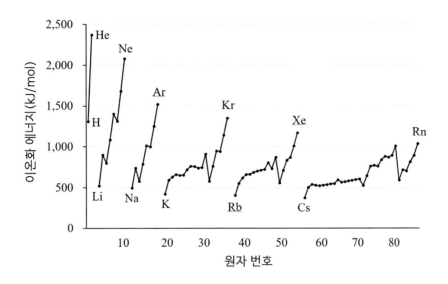

그림 4.1 원자 번호에 따른 1차 이온화 에너지 변화.

한편, 〈표 4.1〉과 〈그림 4.1〉에서 볼 수 있듯이, **같은 주기의 원소들에서는 족수가 증가할수록 이온화 에너지가 커집니다.** 이는 족수가 증가하면서 원자가 작아지고, 최외각 전자에 미치는 유효 핵전하의 인력이 커지기 때문입니다. 반면에, **같은 족의 원소들에서는 주기수가 증가할수록 이온화 에너지가 작아집니다.** 이는 주기수가 증가하면 원자가 커지고, 최외각 전자에 미치는 핵전하의 인력이 약해져 전자를 떼어내기 쉬워지기 때문입니다.

이러한 경향은 주기율표에서 원자의 크기와 이온화 에너지가 반비례하는 특성과 밀접한 관련이 있습니다. 원자가 클수록 최외각 전자에 미치는 핵의 인력이 약해져 전자를 떼어내기 쉬워지고, 이로 인해 이온화 에너지는 작아집니다. 반대로, 원자가 작을수록 유효 핵전하가 최외각 전자를 더 강하게 잡아당겨 전자를 떼어내기 어려워지므로, 이온화 에너지는 커집니다.

이를 주기율표에 나타내면 〈그림 4.2〉와 같습니다. 이 그림을 보면, 이온화 에너지는 왼쪽에서 오른쪽으로 갈수록 커지고, 위에서 아래로 내려갈수록 작아지는 경향을 가짐을 알 수 있습니다.

1차 이온화 에너지 증가 →

주기＼족	1 (1A)	2 (2A)	13 (3A)	14 (4A)	15 (5A)	16 (6A)	17 (7A)	18 (8A)
1	H 1,312							He 2,372
2	Li 520	Be 899	B 801	C 1,086	N 1,402	O 1,314	F 1,681	Ne 2,081
3	Na 496	Mg 738	Al 578	Si 786	P 1,012	S 1,000	Cl 1,251	Ar 1,521
4	K 419	Ca 590	Ga 579	Ge 762	As 947	Se 941	Br 1,140	Kr 1,351
5	Rb 403	Sr 549	In 558	Sn 709	Sb 834	Te 869	I 1,008	Xe 1,170
6	Cs 376	Ba 503	Tl 589	Pb 716	Bi 703	Po 812	At 890(40)	Rn 1,039

(세로축: 1차 이온화 에너지 감소 ↓)

그림 4.2 전형 원소들의 1차 이온화 에너지(kJ/mol)와 경향성.

연습 4.1 아래 나열된 원소들을 1차 이온화 에너지(I_1)가 큰 것에서 작은 것 순으로 나열하시오.

(1) He, Ne, Ar, Kr, Xe

(2) Li, Na, K, Rb, Cs

(3) Be, B, C, N, O

전자 친화도(*EA*)

위에서 살펴본 것처럼, 같은 주기에서 원자 번호가 증가할수록 이온화 에너지가 커지기 때문에, 원소들은 족수가 증가할수록 전자를 잃기 어려워져 양이온이 되기가 점점 더 어려워집니다. 그렇다면, 족수가 큰 양이온이 되기 어려운 원소들은 어떻게 반응성이 높은 물질로 변할까요? 이러한 원소들은 전자를 잃는 대신 전자를 얻는 방식으로 반응성을 높이는 경향을 보입니다. 즉, 양이온이 되기 어려운 원소들은 음이온이 되어 반응성이 높은 물질로 변하게 됩니다.

이때 이온화 에너지가 원소가 양이온이 될 가능성을 나타내는 척도라면, 음이온이 될 가능성은 '**전자 친화도(Electron Affinity, *EA*)**'로 알 수 있습니다. 전자 친화도는 원자가 전자를 하나 얻어 안정화되는 정도를 나타내며, 다음과 같이 정의됩니다.

> 전자 친화도(*EA*): 기체 상태 원자가 전자 하나를 얻을 때 나타나는 에너지
> 변화의 크기(kJ/mol)

중성 원자가 전자를 얻어 음이온이 되려면, 그 과정이 에너지적으로 안정화되는 과정이어야 합니다. 따라서 전자를 얻을 때 발생하는 에너지 변화는 일반적으로 음(-)의 값으로 나타납니다. 전자 친화도는 이러한 에너지 변화량(ΔH)의 음수 값(즉, 절대값)입니다. 이 과정을 식으로 나타내면 다음과 같습니다.

$$X(g) + e^- \rightarrow X^-(g) \quad \Delta H, \;\; EA = -\Delta H \text{ 또는 } |\Delta H| \tag{4.5}$$

여기서 X는 임의의 원소를, 괄호 안의 g는 기체 상태를 의미합니다.

예를 들어, 기체 상태의 불소(F) 원자가 전자를 하나 얻을 때, 328 kJ/mol의 에너지를 방출(ΔH = –328 kJ/mol)하며 안정화됩니다. 따라서 불소의 전자 친화도(*EA*)는 328 kJ/mol입니다. 이를 식으로 나타내면 다음과 같습니다.

$$F(g) + e- \rightarrow F^-(g) \quad \Delta H = -328 \text{ kJ/mol}, \quad EA = 328 \text{ kJ/mol}$$

일부 전형 원소들의 전자 친화도는 〈표 4.2〉와 같습니다. 이 표에서 볼 수 있듯이, **전자 친화도는 같은 주기에서 족수가 증가할수록 커지는 경향**을 보이며, **같은 족에서 주기수가 증가할수록 작아지는 경향**을 보입니다. 이는 이온화 에너지와 마찬가지로, 전자 친화도 또한 원자의 크기와 반비례하는 관계에 있음을 나타냅니다. 즉, 원자가 클수록 전자가 접근할 때 유효 핵전하의 인력이 약하게 작용하여 에너지 안정화 효과(ΔH)가 작고, 반대로 원자가 작을수록 유효 핵전하의 인력이 강하게 작용하여 에너지 안정화 효과(ΔH)가 크게 나타납니다.

표 4.2 전형 원소들의 전자 친화도(kJ/mol).

족 \ 주기	1 (1A)	2 (2A)	13 (3A)	14 (4A)	15 (5A)	16 (6A)	17 (7A)
1	H 73						
2	Li 60	Be ≤ 0	B 27	C 122	N -7	O 141	F 328
3	Na 53	Mg ≤ 0	Al 45	Si 134	P 72	S 200	Cl 349
4	K 48	Ca ≤ 0	Ga 29	Ge 120	As 77	Se 195	Br 325
5	Rb 47	Sr ≤ 0	In 29	Sn 121	Sb 101	Te 190	I 295
6	Cs 45	Ba ≤ 0	Tl 30	Pb 110	Bi 110	Po 180	At 270

연습 4.2 아래 나열된 원소들을 전자 친화도(EA)가 큰 것에서 작은 것 순으로 나열하시오.

(1) Li, Na, K, Rb, Cs

(2) O, S, F, Cl, Br

(3) B, Si, Ge

양이온 vs. 음이온

앞의 내용을 요약하면, '이온화 에너지 값이 작아 전자를 잃기 쉬운 원소는 양이온이 되기 쉽고, 전자 친화도 값이 커서 전자를 얻기 쉬운 원소는 음이온이 된다'는 것입니다. 반면, 이온화 에너지가 크면 전자를 잃기 어려워 양이온이 되기 어렵고, 전자 친화도가 작으면 전자를 얻기 어려워 음이온이 되기 어렵습니다. 이는 다음과 같이 정리할 수 있습니다.

이온화 에너지가 작아 전자를 잃기 쉬우면 ⇒ 양이온
전자 친화도가 커 전자를 얻기 쉬우면 ⇒ 음이온

4.3
양이온이 되기 쉬운 것이 금속,
음이온이 되기 쉬운 것이 비금속이다

앞절에서 "이온화 에너지가 작으면 양이온이 되기 쉽고, 전자 친화도가 크면 음이온이 되기 쉽다"고 했습니다. 그렇다면, 이온화 에너지는 작지만 전자 친화도가 크거나, 이온화 에너지는 크지만 전자 친화도가 작은 경우에는 어떻게 될까요? 다시 말해, 한 원자가 양이온이 되는 것이 쉬운지 음이온이 되는 것이 쉬운지를 두고 두 인자가 서로 대립하는 경우에는 어떻게 될까요? 이를 확인하기 위해 전형 원소들의 1차 이온화 에너지(I_1)와 전자 친화도(EA)의 차이($I_1 - EA$)를 구해보면 <표 4.3>과 같은 결과를 얻을 수 있습니다.

<표 4.3>에 따르면, '$I_1 - EA$' 값이 연한 회색의 대각선 영역을 기준으로 630 kJ/mol보다 작은 경우(주로 <표 4.3>의 진한 회색 영역 원소들), 해당 원소는 양이온이 됩니다. 반면, 이 값이 630 kJ/mol보다 큰 경우에는 양이온이 되기 어려워, 음이온이 되거나(<표 4.3>의 흰색 영역 원소들), 양쪽성(<표 4.3>의 연한 회색 영역 원소들)의 성질을 가질 수 있습니다. 그러나 최외각 전자 배치가 ns^2로 구성되는 2족 원소들은 전자 친화도가 0 kJ/mol 미만이므로, '$I_1 - EA$' 값과 상관없이 양이온이 됩니다.

표 4.3 전형 원소들의 1차 이온화 에너지(I_1)와 전자 친화도(EA) 차이(kJ/mol).

족 주기	1 (1A)	2 (2A)	13 (3A)	14 (4A)	15 (5A)	16 (6A)	17 (7A)
1	H 1,239						
2	Li 460	Be ≥ 899	B 774	C 964	N 1,409	O 1,173	F 1,353
3	Na 443	Mg ≥ 738	Al 533	Si 652	P 940	S 800	Cl 902
4	K 371	Ca ≥ 590	Ga 550	Ge 642	As 870	Se 746	Br 815
5	Rb 356	Sr ≥ 549	In 529	Sn 588	Sb 733	Te 679	I 713
6	Cs 331	Ba ≥ 503	Tl 559	Pb 606	Bi 593	Po 632	At 620

이때, 양이온이 되기 쉬운 원소들은 금속으로 자음 역할, 음이온이 되기 쉬운 원소들은 비금속으로 모음 역할을 합니다. 한편, 양이온과 음이온이 모두 될 수 있는 준금속 원소들은 자음 또는 모음 역할을 할 수 있습니다. 이들의 관계를 요약하면 다음과 같습니다.

금속 ⇒ 양이온이 되기 쉬움 ⇒ 자음 역할

비금속 ⇒ 음이온이 되기 쉬움 ⇒ 모음 역할

준금속 ⇒ 양쪽성을 가짐 ⇒ 자음 또는 모음 역할

연습 4.3 다음 중 원소의 성질에 관한 설명으로 옳지 않은 것은?

① 이온화 에너지와 전자 친화도는 원자 크기와 반비례한다.

② 금속은 양이온이 되기 쉽고, 비금속은 음이온이 되기 쉽다.

③ 원자가 전자를 잃으면 양이온이 되고, 전자를 얻으면 음이온이 된다.

④ 같은 족의 원소에서는 주기수가 증가할수록 전자 친화도가 작아져 음이온이 되기 쉬워진다.

⑤ 같은 주기의 원소에서는 족수가 증가할수록 이온화 에너지가 커져 양이온이 되기 어려워진다.

4.4
금속성과 비금속성의 세기는
화학 반응의 세기를 결정한다

위에서 금속은 양이온이 되기 쉬운 물질이고, 비금속은 음이온이 되기 쉬운 물질임을 알았습니다. 또한, 준금속은 양이온이 될 가능성과 음이온이 될 가능성이 비슷한 물질임도 알았습니다. 그렇다면, 금속 중에서는 어떤 원소가 더 쉽게 양이온이 될까요? 그리고 비금속 중에서는 어떤 원소가 더 쉽게 음이온이 될까요? 다시 말해, 금속 원소들 간의 금속성의 세기와 비금속 원소들 간의 비금속성의 세기는 어떻게 비교할 수 있을까요?

<4.2절>에서 설명한 바와 같이, 양이온은 이온화 에너지가 작을수록 쉽게 형성되며, 음이온은 전자 친화도가 클수록 쉽게 형성됩니다. 따라서, 원소가 양이온이 되기 쉬운 정도인 '**금속성(Metallicity)**'은 주기율표에서 원소가 왼쪽 아래로 갈수록 강해집니다. 반면에, 음이온이 되기 쉬운 정도인 '**비금속성(Non-metallicity)**'은 주기율표에서 원소가 오른쪽 위로 갈수록 강해집니다. 이러한 경향성은 <그림 4.3>에 나타냈습니다. 참고로, 18족 원소들은 반응성이 거의 없는 비활성 물질이고, 수소는 비금속이지만 1족에 위치해 있어서 여기서는 예외로 취급합니다.

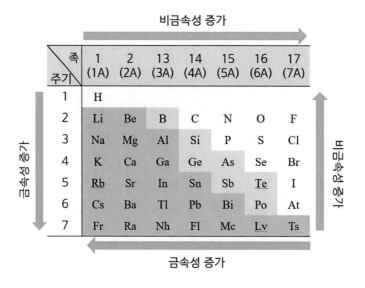

그림 4.3 전형 원소들의 1차 이온화 에너지(kJ/mol)와 경향성.

따라서, 〈그림 4.3〉에서 준금속들을 기준으로 대각선을 그리면, 준금속에서 멀어질수록, 즉 금속성은 Fr(프랑슘)에 가까워질수록 강해지며, 비금속성은 F(불소)에 가까워질수록 강해집니다. 이러한 금속성과 비금속성의 세기는 화학 반응에 중요한 영향을 미칩니다. 이제, 금속성과 비금속성의 세기와 **전형 원소들의 반응성(reactivity of representative elements)**과의 관계를 살펴보겠습니다. 금속 원소들의 반응성 세기는 산소(O_2), 물(H_2O), 산(H^+를 내는 물질)과 같은 비금속 화합물과의 반응을 통해 비교할 수 있으며, 비금속 원소들의 반응성 세기는 이러한 물질들과 더불어 비금속 간의 반응을 통해 비교할 수 있습니다.

연습 4.4 다음 원소들을 금속성이 큰 것에서 작은 것 순으로 나열하시오.

(1) Be, Mg, K, Ca

(2) Li, Al, As, Br, I

1족 원소(알칼리 금속: Li, Na, K, Rb, Cs, Fr)

알칼리 금속들은 공기 중에 노출되어 전자 친화도가 큰 산소와 만나면, 산소에게 전자를 내어주며 알칼리 금속은 양이온, 산소는 음이온이 되어 **'산화물(M_2O)'** 또는 **'이산화물(MO_2)'**을 형성합니다. 반응식은 다음과 같습니다.

$$4M(s) + O_2(g) \longrightarrow 2M_2O(s)$$

$$M(s) + O_2(g) \longrightarrow MO_2(s)$$

여기서 M은 알칼리 금속, s는 고체 상태(solid state), g는 기체 상태를 나타냅니다. 예를 들어, Li는 공기 중에서 산소와 반응하여 산화리튬(Li_2O)을 형성하고, K는 산소와 반응하여 이산화칼륨(KO_2)이 됩니다.

$$4Li(s) + O_2(g) \longrightarrow 2Li_2O(s)$$

$$K(s) + O_2(g) \longrightarrow KO_2(s)$$

알칼리 금속 원소들이 공기 중의 산소와 활발하게 반응하는 것은 같은 주기의 원소들 중에서 1차 이온화 에너지가 가장 작기 때문입니다(<그림 4.2> 참조). 이로 인해, 같은 주기 내에서 양이온이 되려는 성질이 가장 강하며, 최외각에 ns^1의 전자 배치를 가지고 있어 하나의 전자를 잃어 1+가의 양이온(M^+)이 되기 쉽습니다. 따라서 알칼리 금속은 산소와 같은 전자 친화도가 큰 원소가 포함된 물질과 만나면 활발하게 전자를 주고받으며 반응을 일으킵니다.

또한, 알칼리 금속들은 전자 친화도가 큰 산소를 포함한 물(H_2O) 분자와 반응하여 '**수산화물**'[50]을 생성하며, 수소(H_2) 기체를 발생시킵니다. 이 반응은 폭발적으로 일어나며, 반응식은 다음과 같습니다.

$$2M(s) + 2H_2O(l) \longrightarrow 2MOH(aq) + H_2(g)$$

여기서 l은 액체 상태(liquid state), aq는 수용액 상태(aqueous state)를 나타냅니다.

알칼리 금속이 물과 반응하여 수산화물을 생성하고 수소 기체(H_2)를 발생시키는 이유는, 물 분자에서 전자 친화도가 큰 산소가 수소보다 전자를 잘 제공하는 원소와 만나면, 수소를 버리고 그 원소(이 경우 알칼리 금속)와 결합하는 것이 에너지적으로 유리하기 때문입니다. 즉, 알칼리 금속이 강한 금속성으로 인해 양이온이 되면서 물 분자 내의 산소와 격렬하게 결합하고, 이 과정에서 분리된 수소가 기체로 빠르게 방출되는 것입니다.

모든 알칼리 금속은 산소나 수분과 격렬하게 반응하는 강한 금속성 원소입니다. 특히, 알칼리 금속의 반응성은 1족에서 Li에서 Fr로 내려갈수록 점점 더 강해집니다.

2족 원소(알칼리 토금속: Be, Mg, Ca, Sr, Ba, Ra)

알칼리 토금속의 산소와의 반응성은 베릴륨(Be)에서 라듐(Ra)으로 갈수록 점진적으로 증가합니다. 베릴륨과 마그네슘은 높은 온도에서만 산소와 반응하여 산화물을 형성하고, 칼슘부터 상온에서 산화물을 형성합니다.

---

50) 수산화물은 수산기(-OH)를 가지는 화합물을 의미하지만, 일반적으로 금속의 수산화물에 대해 많이 사용한다. 일반식은 $M_n(OH)_m$이다.

$$2Be(s) + O_2(g) \xrightarrow{\text{고온}} 2BeO(s)$$

$$2Mg(s) + O_2(g) \xrightarrow{\text{고온}} 2MgO(s)$$

$$2Ca(s) + O_2(g) \xrightarrow{\text{상온}} 2CaO(s)$$

$$\cdots$$

이는 Be와 Mg의 1차 이온화 에너지가 각각 899와 738 kJ/mol로 1족 원소인 리튬의 520 kJ/mol보다 훨씬 크기 때문에, 산소와 반응하려면 추가적인 에너지가 필요하기 때문입니다. 반면, Ca의 1차 이온화 에너지는 590 kJ/mol로 Li와 비슷한 값이므로, 추가적인 에너지 공급 없이도 산소와 상온에서 반응할 수 있습니다.

한편, 알칼리 토금속의 물과의 반응성도 비슷한 경향을 보입니다. 예를 들어, Be는 물과 반응하지 않으며, Mg는 수증기와 서서히 반응하지만, Ca부터는 찬물과도 반응합니다.

$$Be(s) + H_2O \longrightarrow \text{반응하지 않음}$$

$$Mg(s) + 2H_2O(g) \longrightarrow Mg(OH)_2(aq) + H_2(g)$$

$$Ca(s) + 2H_2O(l) \longrightarrow Ca(OH)_2(aq) + H_2(g)$$

$$\cdots$$

또한, 다음과 같이 알칼리 토금속은 산(H^+)과 반응하여 수소 기체를 발생시킵니다.[51]

$$M(s) + 2H^+Cl^-(aq) \longrightarrow MCl_2(aq) + H_2(g)$$

---

51) 모든 알칼리 토금속 원소가 산과 반응하여 수소 기체를 발생시키므로, 반응성이 더 강한 알칼리 금속 원소들도 산과 반응하여 수소 기체를 발생시킨다.

여기서 M은 알칼리 토금속입니다.

이는 산의 H^+가 수소 원자가 전자를 잃어 양성자만 남은 상태이기 때문에, 전자를 끌어당기는 힘이 매우 크기 때문입니다. 따라서 산은 이온화 에너지가 큰 원소로부터도 전자를 빼앗아 수소 기체를 생성할 수 있습니다. 이로 인해 산은 알칼리 금속보다 반응성이 약한 알칼리 토금속과도 반응하여 수소 기체를 발생시킵니다.

13족 원소(B, Al, Ga, In, Tl, Nh)

13족에서 첫 번째 원소인 붕소(B)는 산소 및 물과 반응하지 않습니다. 반면, 알루미늄(Al)은 물과는 반응하지 않지만, 활발하지는 않더라도 산소와 반응하여 산화물을 형성합니다.

$$B(s) + \begin{Bmatrix} O_2 \\ H_2O \end{Bmatrix} \longrightarrow \text{반응하지 않음}$$

$$4Al(s) + 3O_2(g) \xrightarrow{\text{느리게}} 2Al_2O_3(s)$$

$$Al(s) + H_2O \longrightarrow \text{반응하지 않음}$$

한편, Al은 진한 산과 반응하여 수소 기체를 발생시킵니다.

$$2Al(s) + 6c\text{-}H^+Cl^-(aq) \longrightarrow 2AlCl_3(aq) + 3H_2(g)$$

여기서 H^+Cl^- 접두사 'c-'는 '진한(concentrated)'을 의미합니다. 이는 알루미늄은 금속이지만, 금속성이 비교적 약하다는 것을 보여줍니다.

B가 산소 및 물과 반응하지 않는 이유는, B의 1~3차 이온화 에너지 평균값이

2,296 kJ/mol로 Be의 1~2차 이온화 에너지 평균값인 1,328 kJ/mol의 거의 두 배에 달해 전자를 잃기 어렵기 때문입니다. 또한, B의 전자 친화도는 27 kJ/mol로 매우 작아, 큰 이온화 에너지와 작은 전자친화도로 인해 전자를 잃거나 얻기 어려워 준금속으로 분류됩니다.

반면, Al의 1~3차 이온화 에너지 평균값은 1,713 kJ/mol로, Be의 1~2차 이온화 에너지 평균값보다 약간 큽니다. 이로 인해 Al은 금속으로서의 반응성을 가지지만, 금속성이 약하여 물과는 반응하지 않으며 산소와도 약하게 반응합니다. Al보다 아래에 위치한 원소들은 모두 금속으로서 활발한 반응을 일으킵니다.

14족 원소(C, Si, Ge, Sn, Pb, Fl)

14족의 첫 번째 원소인 탄소(C)는 상온에서 산소 및 물과 반응하지 않습니다. 그러나 C는 산소와 연소를 통해 반응하며, 고온의 수증기와는 반응하여 일산화탄소(CO)와 수소 기체를 생성합니다.

$$C(s) + O_2(g) \xrightarrow{\text{상온}} \text{반응하지 않음}$$
$$C(s) + O_2(g) \xrightarrow{\text{연소}} CO_2(g)$$
$$C(s) + H_2O(g) \xrightarrow{100°C} \text{반응하지 않음}$$
$$C(s) + H_2O(g) \xrightarrow{1,000°C} CO(g) + H_2(g)$$

이 반응에서 생성된 CO_2(이산화탄소)와 CO는 C와 산소(O)가 전자를 주고받아 형성된 **'이온 결합 화합물(ionic compound)'** [52]이 아니라, 전자를 공유하는 방식으로 형성된

---

52) 양이온과 음이온 사이의 정전기적 인력에 의해 형성된 화합물이다.

'공유 결합 화합물(covalent compound)' [53]입니다. 이는 탄소와 산소 모두 이온화 에너지가 커서 양이온이 되기 어려울 뿐만 아니라, 전자 친화도가 C는 122 kJ/mol, O는 141 kJ/mol로 비슷하여 음이온이 되기도 어렵기 때문입니다. 따라서 '연소'와 '1,000℃' 같은 다량의 에너지가 제공되는 상황이 되어야 두 원소는 전자를 공유하는 방식으로 반응할 수 있습니다.

C는 1~4차 이온화 에너지의 평균값이 3,570 kJ/mol로 매우 크며, 전자 친화도도 122 kJ/mol로 상당히 큽니다. 이로 인해, 탄소는 전자를 잃기는 어렵지만, 전자를 얻기는 비교적 쉽습니다. 이러한 특성때문에 C는 비금속으로 반응합니다.

반면, C보다 이온화 에너지는 작지만, 전자 친화도는 다소 크거나(규소, Si) 거의 같은(게르마늄, Ge) 14족의 두 번째와 세 번째 원소인 Si와 Ge는 준금속으로 분류됩니다. 따라서 이들은 13족의 준금속인 B(붕소)와 마찬가지로 산소 및 물과 반응하지 않습니다.

$$\left. \begin{matrix} Si(s) \\ Ge(s) \end{matrix} \right\} + \left. \begin{matrix} O_2 \\ H_2O \end{matrix} \right\} \longrightarrow \text{반응하지 않음}$$

네 번째 원소인 주석(Sn)은 금속으로 분류되지만, 금속성이 강하지 않아 산소 및 물과는 반응하지 않으며, 산과는 반응하여 수소 기체를 발생시킵니다.

$$Sn(s) + \left. \begin{matrix} O_2 \\ H_2O \end{matrix} \right\} \longrightarrow \text{반응하지 않음}$$

$$Sn(s) + 2H^+Cl^-(aq) \longrightarrow SnCl_2(aq) + H_2(g)$$

14족은 〈그림 4.3〉에서 보듯이 1~17족 중에서 중앙에 위치해 금속성과 비금속성이

---

[53] 비금속 원자들이 서로 전자를 제공하여 전자쌍을 형성하고 이를 공유하여 결합을 이루는 화합물이다.

팽팽하게 경쟁하는 족입니다. 이로 인해, 14족의 첫 번째 원소인 C는 비금속이고, 두 번째와 세 번째 원소인 Si와 Ge는 준금속에 속합니다. Ge 아래에 위치한 Sn, Pb(납), Fl(플레로븀)은 금속입니다. 14족 원소들은 최외각에 ns^2np^2의 전자 배치를 가지며, 4개의 전자를 잃으면 4+가의 양이온(M^{4+}), 4개의 전자를 얻으면 4-가의 음이온(M^{4-})이 될 수 있습니다.

15족 원소(N, P, As, Sb, Bi, Mc)

15족의 첫 번째 원소인 질소(N)는 비금속으로 금속성이 큰 원소들과 반응하여 이온성 질소화물을 형성합니다. 예를 들어, N은 Li와 반응하여 질화리튬(Li_3N)을 생성합니다.

$$6Li(s) + N_2(g) \longrightarrow 2Li_3N$$

또한, N은 비금속과 공유 결합을 통해 다양한 화합물을 형성합니다. 예를 들어, 수소와 반응하여 암모니아(NH_3)를, 산소와 반응하여 일산화질소(NO)를 생성합니다.

$$N_2(g) + 3H_2(g) \longrightarrow 2NH_3(g)$$
$$N_2(g) + O_2(g) \rightleftharpoons 2NO(g)$$

N이 금속 원소들과 이온성 화합물을, 비금속 원소들과 공유결합성 화합물을 형성할 수 있는 이유는 N이 강한 반응성을 지닌 비금속이기 때문입니다.

두 번째 원소인 인(P)도 역시 반응성이 큰 금속 및 많은 비금속 원소들과 반응합니다. 예를 들어, P는 Na와 반응하여 인화나트륨(Na_3P)을, 산소와 반응하여 십산화사인

(P_4O_{10})을, 염소와 반응하여 삼염화인(PCl_3)을 생성합니다.

$$12Na(s) + P_4(l) \longrightarrow 4Na_3P(s)$$

$$P_4(s) + 5O_2(g) \longrightarrow P_4O_{10}(s)$$

$$P_4(l) + 6Cl_2(g) \longrightarrow 4PCl_3(g)$$

15족의 첫 두 원소인 N과 P의 1차 이온화 에너지는 각각 1,401과 1,012 kJ/mol로, N은 C의 1차 이온화 에너지(1,086 kJ/mol)보다 크고, P는 C와 비슷합니다. 따라서 이들은 모두 비금속이며, 비금속으로서 금속과 반응합니다. N의 비금속성은 C보다 강하며, P는 C와 비슷합니다.

P가 금속성 원소들과 이온성 화합물을, 비금속 원소들과 공유결합성 화합물을 형성할 수 있는 이유는 P 역시 상당히 강한 반응성을 지닌 비금속이기 때문입니다. 다만, P는 N보다 비금속성이 약합니다.

P보다 아래에 위치한 원소들은 이온화 에너지가 점진적으로 감소합니다. 비소(As)의 이온화 에너지는 947 kJ/mol, 안티몬(Sb)은 834 kJ/mol로 나타나며, 이로 인해 이들은 N이나 P보다 양이온이 되기 쉬워져 준금속에 속합니다. As와 Sb는 각각 14족의 준금속인 Si 및 Ge와 유사한 반응성을 가집니다.

비스무트(Bi)는 15족에서 금속으로 분류되는 첫 번째 원소로, 상온에서 산소와 물에 대해 매우 안정적이지만, 고온에서는 물과 반응하여 산화비스무트(Bi_2O_3)와 수소기체를 생성합니다.

$$Bi(s) + \begin{Bmatrix} O_2 \\ H_2O \end{Bmatrix} \xrightarrow{\text{상온}} \text{반응하지 않음}$$

$$2Bi(s) + 3H_2O(g) \xrightarrow{\text{고온}} Bi_2O_3(s) + 3H_2(g)$$

또한, Bi는 산과 반응하여 3+가의 비스무트 화합물을 생성합니다.

$$Bi(s) + 6HNO_3(aq) \longrightarrow Bi(NO_3)_3(aq) + 3H_2O(l) + 3NO_2(g)$$
$$2Bi(s) + 6c\text{-}H_2SO_4(aq) \longrightarrow Bi_2(SO_4)_3(aq) + 6H_2O(l) + 3SO_2(g)$$

Bi의 1차 이온화 에너지는 703 kJ/mol로, 2족의 금속인 Mg의 738 kJ/mol과 비슷합니다. 이로 인해 Bi는 Mg와 유사한 반응성을 보입니다.

15족 원소들은 14족과 마찬가지로 금속성과 비금속성이 경쟁하지만, 14족보다는 금속성은 다소 약하고 비금속성은 다소 강한 특징을 가집니다. 이로 인해 15족에서는 두 번째 원소까지 비금속이고, As와 Sb는 준금속, Bi와 Mc(모스코븀)는 금속으로 분류됩니다.

16족 원소(O, S, Se, Te, Po, Lv)

산소(O)는 비활성 기체인 18족의 헬륨(He), 네온(Ne), 아르곤(Ar)을 제외한 거의 모든 원소와 화합물을 형성합니다. 이 화합물들은 '산화물'이라고 불리며, 이온성 산화물과 공유 결합성 산화물로 나눌 수 있습니다. 이온성 산화물은 금속과 결합하여 형성됩니다. 예를 들면, 다음과 같은 것이 있습니다.

$$4Li(s) + O_2(g) \longrightarrow 2Li_2O(s)$$
$$2Ca(s) + O_2(g) \longrightarrow 2CaO(s)$$

공유 결합성 산화물은 할로겐과 비활성 기체를 제외한 대부분의 원소가 O와 직접 결합하여 생성됩니다. 예를 들어 다음과 같은 것이 있습니다.

$$S(s) + O_2(g) \longrightarrow SO_2(g)$$

$$C(s) + O_2(g) \longrightarrow CO_2(g)$$

$$2H_2(g) + O_2(g) \longrightarrow 2H_2O(g)$$

황(S)은 대부분의 금속 및 비금속과 반응하여 다양한 화합물을 형성합니다. 예를 들어, S는 금속성이 비교적 약한 아연(Zn)과 반응하여 황화아연(ZnS)을 생성하고, 정상 조건에서 느리게 물과 반응하여 황화수소(H_2S)와 황산(H_2SO_4)을 생성합니다.

$$Zn(s) + S(s) \longrightarrow ZnS(s)$$

$$S_8(s) + 8H_2O(l) \xrightarrow{\text{느리게}} 6H_2S(g) + 2H_2SO_4(l)$$

이처럼 O와 S가 거의 대부분의 원소와 이온성 또는 공유결합성 화합물을 형성할 수 있는 것은 O와 S가 강한 반응성을 지닌 비금속이기 때문입니다.

셀렌(Se) 역시 Zn과 반응하여 셀렌화아연(ZnSe)을 생성하고, 산소와는 이산화셀렌(SeO_2)과 삼산화셀렌(SeO_3)을 형성합니다.

$$Zn(s) + Se(s) \longrightarrow ZnSe(s)$$

$$Se(s) + O_2(g) \longrightarrow SeO_2(g)$$

$$2Se(s) + 3O_2(g) \longrightarrow 2SeO_3(g)$$

16족 원소는 이온화 에너지와 전자 친화도가 증가함에 따라, 세 번째 원소인 Se까지는 비금속입니다. 이들은 금속과 결합하여 이온성 화합물을 생성합니다. Se 이후의 텔루르(Te)와 폴로늄(Po)은 준금속으로, 마지막 원소인 리버모륨(Lv)은 16족에서 유일하게 금속으로 분류됩니다.

17족 원소(할로겐, F, Cl, Br, I, At, Ts)

  할로겐 원소들은 비금속으로서의 반응성이 매우 강해 자연 상태에서는 유리된 형태로 발견되지 않으며, 전기분해 같은 인위적인 방법을 통해 얻어집니다. 예를 들어, 불소(F_2)는 용해되어 있는 불화수소(HF)의 전기분해를 통해, 염소(Cl_2)는 용융 NaCl 또는 NaCl 수용액(소금물)의 전기분해를 통해 얻습니다.

$$2HF \xrightarrow{\text{전기분해}} H_2(g) + F_2(g)$$

$$2NaCl(l) \xrightarrow{\text{전기분해}} 2Na(l) + Cl_2(g)$$

  할로겐 원소는 다음과 같이 자신보다 아래에 있는 다른 할로겐화 화합물에서 할로겐 원소를 치환할 수 있지만, 자신보다 위에 있는 할로겐 원소는 치환하지 못합니다.

$$F_2 + \begin{cases} 2NaCl \\ 2NaBr \\ 2NaI \end{cases} \longrightarrow 2NaF + \begin{cases} Cl_2 \\ Br_2 \\ I_2 \end{cases}$$

$$Cl_2 + NaF \longrightarrow \text{반응하지 않음}$$

$$Cl_2 + \begin{cases} 2NaBr \\ 2NaI \end{cases} \longrightarrow 2NaCl + \begin{cases} Br_2 \\ I_2 \end{cases}$$

$$Br_2 + \begin{cases} NaF \\ NaCl \end{cases} \longrightarrow \text{반응하지 않음}$$

$$Br_2 + 2NaI \longrightarrow 2NaBr + I_2$$

$$I_2 + \begin{cases} NaF \\ NaCl \\ NaBr \end{cases} \longrightarrow \text{반응하지 않음}$$

할로겐 원소는 수소와 반응하여 공유 결합성 화합물인 수소 화합물을 생성합니다.

$$H_2(g) + X_2(g) \longrightarrow 2HX(g)$$

여기서 X는 할로겐 원소를 나타냅니다. 이 반응의 세기는 주기율표에서 불소(F)에서 아래로 내려갈수록 약해집니다. 예를 들어, F는 수소와 격렬하게 반응하지만, Cl은 F보다 느리게 반응합니다. 이러한 반응성의 경향은 같은 족에서 아래로 내려갈수록 비금속성이 약해지기 때문입니다.

17족 원소는 마지막 원소인 테네신(Ts)을 제외하고 모두 비금속입니다. 이 비금속 원소들(F, Cl, Br, I, At)은 전자 친화도가 349 kJ/mol(Cl의 경우)에서 270 kJ/mol(At의 경우)까지의 매우 큰 값을 가지며, 비금속성이 강한 원소들입니다.

18족 원소(비활성 기체, He, Ne, Ar, Kr, Xe, Rn, Og)

18족 원소는 최외각에 전자가 모두 채워져 있으며, 같은 주기에서 가장 큰 1차 이온화 에너지를 가질 뿐만 아니라 전자 친화도는 0보다 작습니다. 이로 인해 전자를 잃거나 얻는 것이 모두 어려워 화합물을 형성하기 힘듭니다. 그러나 크립톤(Kr)과 크세논(Xe)은 비금속성이 가장 큰 불소와 다음과 같은 불화 화합물을 생성할 수 있습니다.

$$Kr(g) + F_2(g) \longrightarrow KrF_2(g)$$
$$Xe(g) + F_2(g) \longrightarrow XeF_2(g)$$
$$Xe(g) + 2F_2(g) \longrightarrow XeF_4(g)$$
$$Xe(g) + 3F_2(g) \longrightarrow XeF_6(g)$$

수소(H)

수소(H)는 주기율표에 1족 원소로 분류되지만, 다른 1족 원소들과 달리 비금속입니다. H는 전자를 하나($1s^1$)만 가지고 있어, 전자를 잃으면 1+가의 양이온(H^+)[54]이 되고, 전자를 하나 더 얻으면 1-가의 음이온(H^-)이 됩니다. H의 이온화 에너지는 1,312 kJ/mol로 비금속 원소인 O(1,314 kJ/mol)와 비슷합니다. 반면, H의 전자 친화도는 73 kJ/mol로, O(141 kJ/mol)의 절반 수준입니다. 이는 H의 전자 친화도가 약한 비금속 원소인 P(72 kJ/mol) 및 준금속 원소인 As(77 kJ/mol)와 비슷한 정도입니다.

이로 인해 H는 반응성이 높은 양이온(H^+)이나 음이온(H^-)이 되기 쉽지 않습니다. 따라서 H가 홀로 이온화되어 다른 원소와 반응하는 경우는 드뭅니다. H는 주로 전자를 잃거나 얻지 않고, 공유 결합을 통해 다른 원소와 결합하는 반응을 합니다. 그러나 이온화 에너지와 전자 친화도가 H에 비해 상대적으로 작은 금속성이 강한 원소와 만나면 전자를 얻어 음이온으로 반응할 수 있습니다. 예를 들어, 다음과 같은 반응이 가능합니다.

$$Na(I_1 = 496\ kJ/mol,\ EA = 53\ kJ/mol) + H(I_1 = 1{,}312\ kJ/mol,\ EA = 73\ kJ/mol)$$
$$\longrightarrow Na^+H^-$$

또한, F나 Cl처럼 전자 친화도가 매우 큰 비금속 원소와도 제한적으로 이온 반응을 일으킬 수 있습니다. 다음은 H가 전자 친화도가 매우 큰 원소와 반응하여, 자신의 전자를 내어주고 양이온(H^+)으로 참여하는 경우입니다.

$$H(EA = 73\ kJ/mol) + F(EA = 328\ kJ/mol) \longrightarrow H^+F^-$$

---

54) 이것은 엄격히 말하면 양이온이 아니라 양성자 입자이다. 그러나 일반적으로 편이상 수소 양이온으로 취급한다.

연습 4.5 다음 중 전형 원소의 반응성에 관한 설명으로 옳지 않은 것은?

① 주기율표에서 왼쪽 아래로 갈수록 금속성이 강해진다.

② 주기율표에서 오른쪽 위로 갈수록 비금속성이 강해진다.

③ 준금속은 금속의 일종이므로 비금속과 활발하게 반응한다.

④ 금속성이 강한 원소일수록 비금속 물질과의 반응이 격렬해진다.

⑤ 비금속성이 강하면 많은 원소들과 다양한 형태의 화합물을 형성한다.

4.6 다음 각 원소에서, 특정 이온화 에너지 I_x가 이전 이온화 에너지에 비해 예외적으로 크게 증가하는 경우는 I_x가 몇 번째 이온화 에너지일 때 발생하는가?

(1) Li   (2) B   (3) O   (4) F   (5) Ne

4.7 다음 표는 주기율표의 일부이다. 표를 참조하여 아래의 질문에 답하시오.

	1	2	13	14	15	16	17
1	H						
2	Li	Be	B	C	N	O	F
3	Na	Mg	Al	Si	P	S	Cl
4	K	Ca		Ge	As		Br
5							I

다음 각 원소 그룹에서 금속성이 가장 큰 원소는?

(1) H, Li, Na, K

(2) Na, Mg, Al, Si

(3) Na, Mg, K, Ca

다음 각 원소 그룹에서 비금속성이 가장 큰 원소는?

(4) B, C, O, F

(5) F, Cl, Br, I

(6) C, P, S, Cl

4.8 다음 원소 쌍 중에서 화학적 성질이 가장 비슷한 쌍을 고르시오.

① Be와 B   ② B와 C   ③ Be와 Mg

④ Be와 Al   ⑤ Al과 Si

5

전체 요약

앞의 0~4장에서 우리는 화학을 공부하는 순서로부터 시작해서, 원소 기호의 의미, 원자 구조의 중요성, 원소 성질의 주기성, 그리고 주기율표와 원소의 반응성 간의 관계를 차례로 학습했습니다. 그러나 학습하는 과정에서 처음에는 큰 틀에서 접근했더라도, 시간이 지나고 세부적인 내용에 집중하다 보면 전체적인 맥락이 희미해지고 세부 사항에만 집착하게 되기 쉽습니다. 따라서 각 단계를 마칠 때마다 그 동안 공부한 내용에 대한 전체적인 그림을 다시 요약 정리해 보는 것이 매우 중요합니다. 이번 장에서는 이 책에서 다룬 '화학 문자'인 '원소와 원자'에 대한 큰 그림을 다시 그려보면서, '나무를 보고 숲을 보지 못하는' 실수를 최소화하고, 다음 단계인 '화학 단어' 즉, '화학식과 화학 결합'을 공부하는데 어려움이 없도록 전체적인 틀을 요약 정리합니다.

화학 공부 순서

   화학은 물질의 조성과 성질을 기반으로 그 변화를 다루는 학문입니다. 이러한 물질의 변화는 '화학 언어'를 통해 표현되며, 이를 통해 화학자들 간의 의사소통이 이루어집니다. 따라서, **화학을 공부한다는 것은 물질계에서 일어나는 화학적 현상을 다루기 위해 '화학 언어'를 배우는 과정**이라 할 수 있습니다.

   화학을 공부하는 순서는 우리가 한글이나 영어를 처음 배울 때의 과정과 흡사합니다. 우리가 글을 배울 때 '문자 → 단어 → 문장' 순으로 학습했듯이, 화학도 같은 순서로 공부해 나갑니다. 즉, 화학을 다음과 같은 순서로 학습하면, 더 쉽게 이해할 수 있고 학습 과정도 더 흥미로워집니다.

화학 문자(원소와 원자) → 화학 단어(화학식과 화학 결합)

→ 화학 문장(화학 반응식)

   따라서, 이 책을 통해 우리는 화학 언어 공부의 첫 번째 단계인 '화학 문자(원소와 원자)'를 학습한 것입니다.

원소 기호

세상에 존재하는 모든 화학적 물질은 각기 고유한 이름을 가지며, 화학에서 이 이름은 '화학식'으로 표현합니다. 즉, 화학식은 '화학 언어'를 사용하여 물질을 나타내는 '화학 단어'입니다. 화학식은 원소 기호를 조합하여 만들어지며, 이 원소 기호들은 화학에서 문자의 역할을 합니다. 마치 한글에서 14개의 자음과 10개의 모음이 조합되어 단어를 이루듯이, 화학에서도 원소 기호들이 조합되어 화학식이 형성됩니다. 즉, **원소 기호는 화학에서 '화학 문자'로 기능**합니다.

원소 기호는 총 118개가 있으며(〈표 1.5〉, 〈표 1.8〉, 앞면 속지), 이 기호들을 조합하여 우주에 존재하는 모든 화학 물질을 표현할 수 있습니다. 원소 기호는 해당 원소의 기준 이름에서 알파벳 머리글자를 따서 만드는 것이 원칙입니다. 이 중 반드시 암기해야 할 원소명과 원소 기호는 24개로(〈표 1.2〉, 〈표 1.4〉), 다음과 같은 방식으로 쉽게 외울 수 있습니다.

수리나칼베마칼, 붕알탄규게

질인비산황, 불염브요헬네아

한글 문자가 자음과 모음으로 구성되어 있듯이, 원소 기호도 자음 역할을 하는 것과 모음 역할을 하는 것이 있습니다. 화학에서는 **자음 역할을 하는 원소를 금속, 모음 역할을 하는 원소를 비금속**이라고 합니다. 또한, 경우에 따라 금속의 역할을 하기도 하고 비금속의 역할을 하기도 하는 원소를 준금속이라고 합니다. 118가지 원소의 금속, 비금속, 준금속으로의 분류는 〈표 1.8〉과 〈표 3.4〉에 나와 있으며, 암기해야 할 24가지 원소에 대한 분류는 〈표 1.3〉 및 〈표 1.4〉와 같습니다.

원자 구조

원소는 원자들로 이루어져 있으며, 원소의 화학적 성질은 원자 구조에 의해 결정됩니다. 원자는 질량의 대부분을 차지하는 양성자와 중성자로 구성된 원자핵과, 원자핵 주위를 돌며 부피의 대부분을 차지하는 전자로 이루어져 있습니다. 화학에서 원자 구조라 함은 이 전자들의 배열을 의미합니다.

원자의 전자 구조는 전자 껍질(전자각), 부껍질, 배향 부껍질, 그리고 스핀으로 세분됩니다. 이 전자 구조는 '양자수 규칙'에 따라 결정되며, 궤도함수로 표현됩니다. 전자는 궤도함수에서 에너지가 낮은 것부터(〈그림 2.11〉 참조) 차례로 '전자 배치 원리'에 따라 배치됩니다. 궤도함수에 전자가 배치되는 순서는 〈그림 2.12〉를 참고하여 결정합니다. 그리고, 전자 배치는 다음과 같은 방식으로 표기합니다.

$$\text{전자 배치 표기법: } nL^N$$

원소의 주기율표

원소의 성질은 주기적으로 반복됩니다. 이 주기적 성질을 '족'과 '주기'로 구분하여 정리한 것이 '원소의 주기율표'입니다. 현재 우리는 〈표 3.4〉와 같은 형태의 주기율표를 표준으로 사용하고 있으며, 이 표에서 열은 '족'이고, 행은 '주기'를 나타냅니다.

주기율표에서 족수는 다음 표와 같이 외곽에 채워진 전자 수와 관련이 있으며, 주기수는 〈그림 3.1〉에서 보는 바와 같이 전자 궤도 수(주양자수 n)와 같습니다. 원소 성질의 주기성은 이와 같은 전자 배치에 의해 결정됩니다.

(전형 원소)

족	1(1A)	2(2A)	13(3A)	14(4A)	15(5A)	16(6A)	17(7A)	18(8A)
전자 배치	ns^1	ns^2	ns^2np^1	ns^2np^2	ns^2np^3	ns^2np^4	ns^2np^5	ns^2np^6

(전이 원소)

족	3(3B)	4(4B)	5(5B)	6(6B)	7(7B)
전자 배치	$ns^2(n-1)d^1$	$ns^2(n-1)d^2$	$ns^2(n-1)d^3$	$ns^2(n-1)d^4$	$ns^2(n-1)d^5$
족	8(8B)	9(8B)	10(8B)	11(9B)	12(10B)
전자 배치	$ns^2(n-1)d^6$	$ns^2(n-1)d^7$	$ns^2(n-1)d^8$	$ns^2(n-1)d^9$	$ns^2(n-1)d^{10}$

전자 배치는 원자의 크기를 결정하는 중요한 요소입니다. 주기율표에서 원자 크기는 다음과 같은 경향을 보이며(〈그림 3.3〉, 〈그림 3.4〉 참조), 원자 크기의 변화는 원소의 성질과도 밀접하게 연관됩니다.

같은 족: 주기수 증가 → 원자 크기 증가
같은 주기: 족수 증가 → 원자 크기 감소

주기율표에서 s와 p 궤도함수에 전자가 채워지는 1, 2, 13~18(1A~8A)족 원소들은 '전형 원소', d와 f 궤도함수에 전자가 채워지는 3~12(3B~2B)족 원소들은 '전이 원소'라고 합니다. 또한, 전이 원소 중에서 f 궤도함수에 전자가 채워지는 '란탄족'과 '악티늄족'은 '내부 전이 원소'라고 합니다.

원소의 성질과 반응성

원자의 전자 배치에 따른 원자의 크기 변화는 원소의 성질에 직접적인 영향을 미칩니다. 원자가 클수록 전자를 잃어 양이온이 되기 쉽고, 작을수록 전자를 얻어 음이온이 되기 쉽습니다. 전자를 잃기 쉬운 원소는 금속성 원소로, 전자를 얻기 쉬운 원소는 비금속성 원소로 분류됩니다. 반면, 전자를 잃거나 얻기 어려운 원소는 준금속으로 분류됩니다. 따라서 **전자를 잃기 쉬울수록 금속성이 강해지고, 전자를 얻기 쉬울수록 비금속성이 강해집니다.**

전자를 잃기 쉬운 정도는 '이온화 에너지'로, 전자를 얻기 쉬운 정도는 '전자 친화도'로 측정됩니다. 이온화 에너지와 전자 친화도는 원자 크기와 밀접하게 연관되어 있습니다. 원자가 클수록 이온화 에너지는 작아지고, 원자가 작을수록 전자 친화도는 커집니다(〈그림 4.2〉, 〈표 4.2〉). 이에 따라, 〈그림 4.3〉에서처럼 **원소의 금속성은 주기율표에서 왼쪽 아래로 갈수록 강해지고, 비금속성은 오른쪽 위로 갈수록 강해집니다.** 한편, 금속 원소가 몇 가의 이온을 형성할 수 있는지도 이온화 에너지의 급등 현상으로 설명될 수 있습니다.

이러한 원소 성질의 변화는 화학 반응에서 반응성의 강도 변화로 나타납니다. 전형 원소들의 반응성을 실제 반응을 통해 살펴보면, 이러한 변화가 원소들의 성질 차이에서 비롯된 것임을 확인할 수 있습니다.

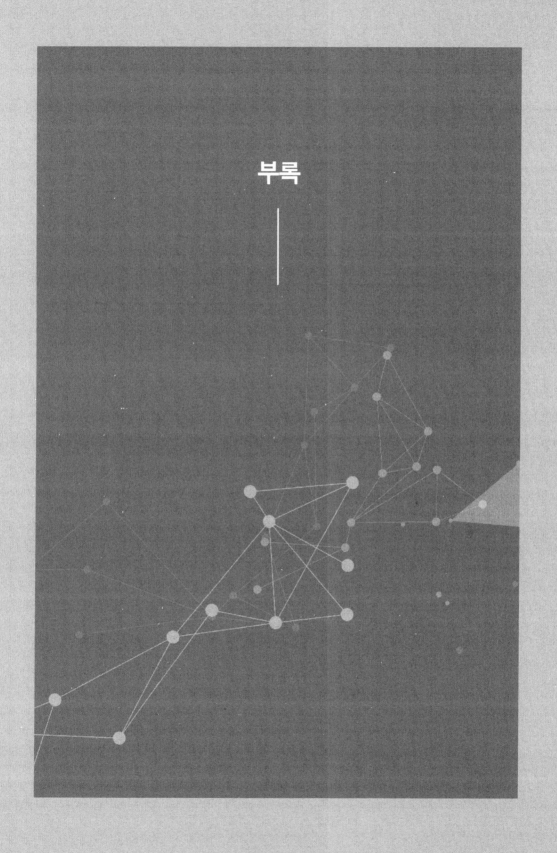

부록

원소의 바닥 상태 전자 배치.

Z	원소	전자 배치	Z	원소	전자 배치
1	H	$1s^1$	28	Ni	$[Ar]4s^23d^8$
2	He	$1s^2$	29	Cu	$[Ar]4s^13d^{10}$
3	Li	$[He]2s^1$	30	Zn	$[Ar]4s^23d^{10}$
4	Be	$[He]2s^2$	31	Ga	$[Ar]4s^23d^{10}4p^1$
5	B	$[He]2s^22p^1$	32	Ge	$[Ar]4s^23d^{10}4p^2$
6	C	$[He]2s^22p^2$	33	As	$[Ar]4s^23d^{10}4p^3$
7	N	$[He]2s^22p^3$	34	Se	$[Ar]4s^23d^{10}4p^4$
8	O	$[He]2s^22p^4$	35	Br	$[Ar]4s^23d^{10}4p^5$
9	F	$[He]2s^22p^5$	36	Kr	$[Ar]4s^23d^{10}4p^6$
10	Ne	$[He]2s^22p^6$	37	Rb	$[Kr]5s^1$
11	Na	$[Ne]3s^1$	38	Sr	$[Kr]5s^2$
12	Mg	$[Ne]3s^2$	39	Y	$[Kr]5s^24d^1$
13	Al	$[Ne]3s^23p^1$	40	Zr	$[Kr]5s^24d^2$
14	Si	$[Ne]3s^23p^2$	41	Nb	$[Kr]5s^14d^4$
15	P	$[Ne]3s^23p^3$	42	Mo	$[Kr]5s^14d^5$
16	S	$[Ne]3s^23p^4$	43	Tc	$[Kr]5s^24d^5$
17	Cl	$[Ne]3s^23p^5$	44	Ru	$[Kr]5s^14d^7$
18	Ar	$[Ne]3s^23p^6$	45	Rh	$[Kr]5s^14d^8$
19	K	$[Ar]4s^1$	46	Pd	$[Kr]4d^{10}$
20	Ca	$[Ar]4s^2$	47	Ag	$[Kr]5s^14d^{10}$
21	Sc	$[Ar]4s^23d^1$	48	Cd	$[Kr]5s^24d^{10}$
22	Ti	$[Ar]4s^23d^2$	49	In	$[Kr]5s^24d^{10}5p^1$
23	V	$[Ar]4s^23d^3$	50	Sn	$[Kr]5s^24d^{10}5p^2$
24	Cr	$[Ar]4s^13d^5$	51	Sb	$[Kr]5s^24d^{10}5p^3$
25	Mn	$[Ar]4s^23d^5$	52	Te	$[Kr]5s^24d^{10}5p^4$
26	Fe	$[Ar]4s^23d^6$	53	I	$[Kr]5s^24d^{10}5p^5$
27	Co	$[Ar]4s^23d^7$	54	Xe	$[Kr]5s^24d^{10}5p^6$

원소의 바닥 상태 전자 배치. (계속)

Z	원소	전자 배치	Z	원소	전자 배치
55	Cs	$[Xe]6s^1$	87	Fr	$[Rn]7s^1$
56	Ba	$[Xe]6s^2$	88	Ra	$[Rn]7s^2$
57	La	$[Xe]6s^25d^1$	89	Ac	$[Rn]7s^26d^1$
58	Ce	$[Xe]6s^24f^15d^1$	90	Th	$[Rn]7s^26d^2$
59	Pr	$[Xe]6s^24f^3$	91	Pa	$[Rn]7s^25f^26d^1$
60	Nd	$[Xe]6s^24f^4$	92	U	$[Rn]7s^25f^36d^1$
61	Pm	$[Xe]6s^24f^5$	93	Np	$[Rn]7s^25f^46d^1$
62	Sm	$[Xe]6s^24f^6$	94	Pu	$[Rn]7s^25f^6$
63	Eu	$[Xe]6s^24f^7$	95	Am	$[Rn]7s^25f^7$
64	Gd	$[Xe]6s^24f^75d^1$	96	Cm	$[Rn]7s^25f^76d^1$
65	Tb	$[Xe]6s^24f^9$	97	Bk	$[Rn]7s^25f^9$
66	Dy	$[Xe]6s^24f^{10}$	98	Cf	$[Rn]7s^25f^{10}$
67	Ho	$[Xe]6s^24f^{11}$	99	Es	$[Rn]7s^25f^{11}$
68	Er	$[Xe]6s^24f^{12}$	100	Fm	$[Rn]7s^25f^{12}$
69	Tm	$[Xe]6s^24f^{13}$	101	Md	$[Rn]7s^25f^{13}$
70	Yb	$[Xe]6s^24f^{14}$	102	No	$[Rn]7s^25f^{14}$
71	Lu	$[Xe]6s^24f^{14}5d^1$	103	Lr	$[Rn]7s^25f^{14}6d^1$
72	Hf	$[Xe]6s^24f^{14}5d^2$	104	Rf	$[Rn]7s^25f^{14}6d^2$
73	Ta	$[Xe]6s^24f^{14}5d^3$	105	Db	$[Rn]7s^25f^{14}6d^3$
74	W	$[Xe]6s^24f^{14}5d^4$	106	Sg	$[Rn]7s^25f^{14}6d^4$
75	Re	$[Xe]6s^24f^{14}5d^5$	107	Bh	$[Rn]7s^25f^{14}6d^5$
76	Os	$[Xe]6s^24f^{14}5d^6$	108	Hs	$[Rn]7s^25f^{14}6d^6$
77	Ir	$[Xe]6s^24f^{14}5d^7$	109	Mt	$[Rn]7s^25f^{14}6d^7$
78	Pt	$[Xe]6s^14f^{14}5d^6$	110	Ds	$[Rn]7s^25f^{14}6d^8$
79	Au	$[Xe]6s^14f^{14}5d^{10}$	111	Rg	$[Rn]7s^25f^{14}6d^9$
80	Hg	$[Xe]6s^24f^{14}5d^{10}$	112	Cn	$[Rn]7s^25f^{14}6d^{10}$
81	Tl	$[Xe]6s^24f^{14}5d^{10}6p^1$	113	Nh	$[Rn]7s^25f^{14}6d^{10}7p^1$
82	Pb	$[Xe]6s^24f^{14}5d^{10}6p^2$	114	Fl	$[Rn]7s^25f^{14}6d^{10}7p^2$
83	Bi	$[Xe]6s^24f^{14}5d^{10}6p^3$	115	Mc	$[Rn]7s^25f^{14}6d^{10}7p^3$
84	Po	$[Xe]6s^24f^{14}5d^{10}6p^4$	116	Lv	$[Rn]7s^25f^{14}6d^{10}7p^4$
85	At	$[Xe]6s^24f^{14}5d^{10}6p^5$	117	Ts	$[Rn]7s^25f^{14}6d^{10}7p^5$
86	Rn	$[Xe]6s^24f^{14}5d^{10}6p^6$	118	Og	$[Rn]7s^25f^{14}6d^{10}7p^6$

원자의 이온화 에너지(kJ/mol).

Z	원소	1차	2차	3차	4차	5차	6차	7차
1	H	1,312						
2	He	2,372	5,250					
3	Li	520	7,298	11,815				
4	Be	899	1,757	14,848	21,006			
5	B	801	2,427	3,660	25,025	32,826		
6	C	1,086	2,353	4,620	6,223	37,829	47,276	
7	N	1,402	2,856	4,578	7,475	9,445	53,267	64,360
8	O	1,314	3,388	5,300	7,469	10,989	13,326	71,330
9	F	1,681	3,374	6,050	8,408	11,022	15,164	17,868
10	Ne	2,081	3,952	6,122	9,370	12,177	15,238	19,999
11	Na	496	4,562	6,912	9,543	13,352	16,610	20,177
12	Mg	738	1,451	7,733	10,540	13,629	17,994	21,717
13	Al	578	1,817	2,745	11,577	14,831	18,377	23,326
14	Si	786	1,577	3,232	4,355	16,091	19,784	23,780
15	P	1,012	1,903	2,912	4,956	6,274	21,268	25,431
16	Si	1,000	2,251	3,361	4,564	7,012	8,495	27,107
17	Cl	1,251	2,297	3,822	5,158	6,540	9,362	11,018
18	Ar	1,521	2,666	3,931	5,771	7,238	8,781	11,995
19	K	419	3,051	4,411	5,877	7,975	9,649	11,343
20	Ca	590	1,145	4,912	6,474	8,144	10,496	12,270
21	Sc	631	1,235	2,389	7,089	8,844	10,719	13,310
22	Ti	658	1,310	2,652	4,175	9,573	11,516	13,590
23	V	650	1,414	2,828	4,507	6,294	12,362	14,489
24	Cr	653	1,592	2,987	4,737	6,690	8,738	15,540
25	Mn	717	1,509	3,248	4,940	6,990	9,200	11,508

원자의 이온화 에너지(kJ/mol). (계속)

Z	원소	1차	2차	3차	4차	5차	6차	7차
26	Fe	759	1,561	2,957	5,290	7,240	9,600	12,100
27	Co	758	1,646	3,232	4,950	7,670	9,840	12,400
28	Ni	737	1,753	3,393	5,300	7,290	10,400	12,800
29	Cu	745	1,958	3,554	5,330	7,710	9,940	13,400
30	Zn	906	1,733	3,833	5,730	7,970	10,400	12,900
31	Ga	579	1,979	2,963	6,200			
32	Ge	762	1,537	3,302	4,410	9,020		
33	As	947	1,798	2,735	4,837	6,043	12,310	
34	Se	941	2,045	2,974	4,143	6,590	7,883	14,990
35	Br	1,140	2,100	3,500	4,560	5,760	8,550	9,938
36	Kr	1,351	2,350	3,565	5,070	6,240	7,570	10,710
37	Rb	403	2,632	3,860	5,080	6,850	8,140	9,570
38	Sr	549	1,064	4,210	5,500	6,910	8,760	10,200
39	Y	616	1,181	1,980	5,960	7,430	8,970	11,200
40	Zr	660	1,267	2,218	3,313	7,860	9,550	-
41	Nb	664	1,382	2,416	3,700	4,877	9,899	12,100
42	Mo	685	1,558	2,621	4,480	5,900	6,600	12,230
43	Tc	702	1,472	2,850				
44	Ru	711	1,617	2,747				
45	Rh	720	1,744	2,997				
46	Pd	805	1,875	3,177				
47	Ag	731	2,073	3,361				
48	Cd	868	1,631	3,616				
49	In	558	1,821	2,704	5,200			
50	Sn	709	1,412	2,943	3,930	6,974		
51	Sb	834	1,595	2,440	4,260	5,400	10,400	
52	Te	869	1,790	2,698	3,610	5,668	6,820	13,200
53	I	1,008	1,846	3,184				
54	Xe	1,170	2,046	3,097				

원자의 이온화 에너지(kJ/mol). (계속)

Z	원소	1차	2차	3차	4차	5차	6차	7차
55	Cs	376	2,420	3,400				
56	Ba	503	965	3,600				
57	La	538	1,067	1,850	4,819			
58	Ce	528	1,047	1,949	3,547			
59	Pr	523	1,018	2,086	3,761	5,543		
60	Nd	530	1,035	2,130	3,900			
61	Pm	535	1,052	2,150	3,970			
62	Sm	543	1,068	2,260	3,990			
63	Eu	547	1,085	2,400	4,110			
64	Gd	592	1,167	1,990	4,250			
65	Tb	564	1,112	2,110	3,840			
66	Dy	572	1,126	2,200	4,000			
67	Ho	581	1,139	2,204	4,100			
68	Er	589	1,151	2,194	4,120			
69	Tm	597	1,163	2,285	4,120			
70	Yb	603	1,176	2,415	4,220			
71	Lu	524	1,340	2,022	4,360			
72	Hf	642	1,440	2,250	3,216			
73	Ta	761	1,500					
74	W	770	1,700					
75	Re	760	1,260	2,510	3,640			
76	Os	840	1,600					
77	Ir	880	1,600					
78	Pt	870	1,791					
79	Au	890	1,980					
80	Hg	1,007	1,810	3,300				
81	Tl	589	1,971	2,878				
82	Pb	716	1,450	3,081	4,083	6,640		
83	Bi	703	1,610	2,476	4,370	5,400	8,520	

원자의 이온화 에너지(kJ/mol). (계속)

Z	원소	1차	2차	3차	4차	5차	6차	7차
84	Po	812						
85	At	890(40)						
86	Rn	1,037						
87	Fr							
88	Ra	509	979					
89	Ac	499	1,170					
90	Th	587	1,110	1,930	2,780			
91	Pa	568						
92	U	584	1,420					
93	Np	597						
94	Pu	585						
95	Am	578						
96	Cm	581						
97	Bk	601						
98	Cf	608						
99	Es	619						
100	Fm	627						
101	Md	635						
102	No	642						

| 부록 3 |

원자의 전자 친화도(EA, kJ/mol).

Z	원소	EA	Z	원소	EA	Z	원소	EA
1	H	73	26	Fe	24	51	Sb	101
2	He	< 0	27	Co	70	52	Te	190
3	Li	60	28	Ni	111	53	I	295
4	Be	≤ 0	29	Cu	118	54	Xe	< 0
5	B	27	30	Zn	0	55	Cs	45
6	C	122	31	Ga	29	56	Ba	≤ 0
7	N	-7	32	Ge	120	57~71	La~Lu	50
8	O	141	33	As	77	72	Hf	≤ 0
9	F	328	34	Se	195	73	Ta	60
10	Ne	< 0	35	Br	325	74	W	60
11	Na	53	36	Kr	< 0	75	Re	14
12	Mg	≤ 0	37	Rb	47	76	Os	110
13	Al	45	38	Sr	≤ 0	77	Ir	150
14	Si	134	39	Y	0	78	Pt	205
15	P	72	40	Zr	50	79	Au	223
16	Si	200	41	Nb	96	80	Hg	≤ 0
17	Cl	349	42	Mo	96	81	Tl	30
18	Ar	< 0	43	Tc	70	82	Pb	110
19	K	48	44	Ru	110	83	Bi	110
20	Ca	≤ 0	45	Rh	120	84	Po	180
21	Sc	≤ 0	46	Pd	60	85	At	270
22	Ti	20	47	Ag	126	86	Rn	< 0
23	V	50	48	Cd	≤ 0	87	Fr	44
24	Cr	64	49	In	29			
25	Mn	≤ 0	50	Sn	121			

연습 풀이

0. 화학 공부, 어떻게 해야 하나

0.1 화학은 물질의 조성과 성질을 기반으로 하여 그 변화를 다루는 학문이다.

0.2

문자	단어	문장
원소 기호	화학식	화학 반응식

0.3 원소 기호(화학 문자) → 화학식(화학 단어) → 화학 반응식(화학 문장)

1. 원소 기호

1.1 (수리나칼 베마칼) (붕알 탄규게)
(질인비 산황) (불염브요 헬네아)

1.2

	1 1A	2 2A	13 3A	14 4A	15 5A	16 6A	17 7A	18 8A
1	H							He
2	Li	Be	B	C	N	O	F	Ne
3	Na	Mg	Al	Si	P	S	Cl	Al
4	K	Ca		Ge	As		Br	
5							I	

1.3 (1) 비금속 (2) 금속 (3) 준금속 (4) 비금속
　　　 (5) 비금속 (6) 비금속 (7) 금속 (8) 비금속

1.4 (1) 금속 (2) 준금속 (3) 비금속 (4) 비금속
　　　 (5) 금속 (6) 준금속 (7) 비금속 (8) 비금속

1.5 (1) 금속 (2) 비금속 (3) 비금속 (4) 금속
　　　 (5) 비금속 (6) 비금속 (7) 금속 (8) 준금속

2. 원자 구조

2.1 일정 성분비 법칙에 의하면 물은 수소와 산소가 질량비로 1:8의 비율로 구성되어 있다. 그러므로, 물 100.0 g 중에는 수소가 1/9, 산소가 8/9를 차지한다. 따라서, 물 100.0 g를 분해했을 때 얻어지는 수소와 산소의 질량은 다음과 같이 얻어진다.

수소의 질량: $100.0 \text{ g} \times \dfrac{1}{9} = \mathbf{11.1\,g}$

산소의 질량: $100.0 \text{ g} \times \dfrac{8}{9} = \mathbf{88.9\,g}$

※ 11.1 g + 88.9 g = 100.0 g으로 질량이 보존되었다.

2.2 ②

① (O) 원자로부터 음극선 실험에서 전자가 튀어나오고, α-입자 산란 실험에서 양성자가 튀어나옴으로 원자는 더 작은 입자로 깨질 수 있음을 알 수 있다.

② (X) 양성자는 1920년에 발견되었고, 중성자는 1932년에 발견되었다. 양성자가 먼저 발견된 것은 실험 기술의 발전 결과에 따른 것이지, 어느 입자가 더 쉽게 방출될 수 있는지와는 무관하다. 따라서 음극선 실험과 α-입자 충돌 실험 결과로부터는 어느 입자가 더 쉽게 방출될 수 있는지 알 수 없다.

③ (O) 원자의 중심에 질량이 큰 양전하를 띤 원자핵이 존재하고 있는 가운데 음전하를 띤 전자가 원자핵 외부에 존재하려면, 전자는 빠르게 회전 운동을 하고 있어야 한다.

④ (O) 전자는 상대적으로 작은 에너지인 전기장에 의해 방출되었고, 양성자와 중성자는

전기장에 의해 방출되지 않았다. 그러므로 원자 내에서 가장 쉽게 방출될 수 있는 것은 전자이다.

⑤ (O) α-입자 충돌 실험 결과 질량의 대부분이 원자핵에 밀집되어 있으므로 원자 전체 질량은 원자핵의 질량과 거의 같다. 원자 질량 ≈ 원자핵 질량

2.3 $n = 3$: $\lambda = (364.56 \text{ nm})\dfrac{3^2}{3^2 - 4} = (364.56 \text{ nm})\dfrac{9}{5} = 656.21 \text{ nm} \approx \mathbf{656.2 \text{ nm}}$

$n = 4$: $\lambda = (364.56 \text{ nm})\dfrac{4^2}{4^2 - 4} = (364.56 \text{ nm})\dfrac{16}{12} = 486.08 \text{ nm} \approx \mathbf{486.1 \text{ nm}}$

$n = 5$: $\lambda = (364.56 \text{ nm})\dfrac{5^2}{5^2 - 4} = (364.56 \text{ nm})\dfrac{25}{21} = 434.00 \text{ nm} \approx \mathbf{434.0 \text{ nm}}$

$n = 6$: $\lambda \,\square\, (364.56 \text{ nm})\dfrac{\square^2}{6^2 - 4}$ $(364.56 \text{ nm})\dfrac{}{32}$ $410.13 \text{ nm} \approx \mathbf{410.1 \text{ nm}}$

2.4 $n_2 = 2$: $v = R_\text{H}\left(\dfrac{1}{1^2} - \dfrac{1}{2^2}\right) = (1.09678 \times 10^5 \text{ cm}^{-1})\left(\dfrac{3}{4}\right) = 0.822585 \times 10^5 \text{ cm}^{-1}$

$\therefore \lambda = \dfrac{1}{0.822585 \times 10^5 \text{ cm}^{-1}} = 1.21568 \times 10^{-5} \text{ cm} \approx \mathbf{121.6 \text{ nm}}$

$n_2 = 3$: $v = R_\text{H}\left(\dfrac{1}{1^2} - \dfrac{1}{3^2}\right) = (1.09678 \times 10^5 \text{ cm}^{-1})\left(\dfrac{8}{9}\right) = 0.974916 \times 10^5 \text{ cm}^{-1}$

$\therefore \lambda = \dfrac{1}{0.974916 \times 10^5 \text{ cm}^{-1}} = 1.02573 \times 10^{-5} \text{ cm} \approx \mathbf{102.6 \text{ nm}}$

$n_2 = 4$: $v = R_\text{H}\left(\dfrac{1}{1^2} - \dfrac{1}{4^2}\right) = (1.09678 \times 10^5 \text{ cm}^{-1})\left(\dfrac{15}{16}\right) = 1.02823 \times 10^5 \text{ cm}^{-1}$

$\therefore \lambda = \dfrac{1}{1.02823 \times 10^5 \text{ cm}^{-1}} = 0.972544 \times 10^{-5} \text{ cm} \approx \mathbf{97.3 \text{ nm}}$

그러므로, 라이먼이 얻은 121.6, 102.6, 97.2 nm은 수소 원자 스펙트럼의 첫 계열($n_1 = 1$) 중 $n_2 = 2\sim4$에 속하는 파장이다.

2.5 K각 $\rightarrow n = \infty$: $\Delta E = E_\infty - E_1 = -R_\text{H}\left(\dfrac{1}{\infty^2} - \dfrac{1}{1^2}\right) = -\left(2.18 \times 10^{-18} \text{ J}\right)(0 - 1)$

$= \mathbf{2.18 \times 10^{-18} \text{ J}}$

L각 $\rightarrow n = \infty$: $\Delta E = E_\infty - E_2 = -R_\text{H}\left(\dfrac{1}{\infty^2} - \dfrac{1}{2^2}\right) = -\left(2.18 \times 10^{-18} \text{ J}\right)\left(0 - \dfrac{1}{4}\right)$

$$= 5.45 \times 10^{-19} \text{ J}$$

$$M각 \rightarrow n = \infty: \ \Delta E = E_\infty - E_3 = -R_H\left(\frac{1}{\infty^2} - \frac{1}{3^2}\right) = -\left(2.18 \times 10^{-18} \text{ J}\right)\left(0 - \frac{1}{9}\right)$$

$$= 2.42 \times 10^{-19} \text{ J}$$

2.6 ③. 전자는 쌍을 이루면 서로 스핀이 반대인 상태를 형성한다. 즉, 스핀 양자수가 서로 반대인 값을 갖는 상태에 있다.

2.7 (1) O(산소, 전자 수 = 8): $1s^2 2s^2 2p^4$

(2) Al(알루미늄, 전자 수 = 13): $1s^2 2s^2 2p^6 3s^2 3p^1$

(3) Ge(게르마늄, 전자 수 = 32): $1s^2 2s^2 2p^6 3s^2 3p^6 4s^2 3d^{10} 4p^2$

(4) Rb(루비듐, 전자 수 = 37): $1s^2 2s^2 2p^6 3s^2 3p^6 4s^2 3d^{10} 4p^6 5s^1$

2.8 (1) O: $[He]2s^2 2p^4$ (2) Al: $[Ne]3s^2 3p^1$

(3) Ge: $[Ar]4s^2 3d^{10} 4p^2$ (4) Rb: $[Kr]5s^1$

2.9 $K각(n = 1) \rightarrow L각(n = 2): \ \Delta E = E_2 - E_1 = -R_H\left(\frac{1}{2^2} - \frac{1}{1^2}\right)$

$$= -\left(2.18 \times 10^{-18} \text{ J}\right)\left(\frac{1}{4} - 1\right) = 1.64 \times 10^{-18} \text{ J}$$

$L각(n = 2) \rightarrow M각(n = 3): \ \Delta E = E_3 - E_2 = -R_H\left(\frac{1}{3^2} - \frac{1}{2^2}\right)$

$$= -\left(2.18 \times 10^{-18} \text{ J}\right)\left(\frac{1}{9} - \frac{1}{4}\right) = 3.03 \times 10^{-19} \text{ J}$$

$M각(n = 3) \rightarrow N각(n = 4): \ \Delta E = E_4 - E_3 = -R_H\left(\frac{1}{4^2} - \frac{1}{3^2}\right)$

$$= -\left(2.18 \times 10^{-18} \text{ J}\right)\left(\frac{1}{16} - \frac{1}{9}\right) = 1.06 \times 10^{-19} \text{ J}$$

※ K에서 L, L에서 M, M에서 N으로 갈수록 전자를 이동시키는 데 필요한 에너지가 감소하고 있다. 따라서 주양자수 n이 증가할수록, 즉 K, L, M, N 순서로 궤도가 올라갈수록 궤도 간 간격이 좁아짐을 알 수 있다.

2.10 ④

① (O) $n = 2$이면 $l = 0, 1$을 가질 수 있으므로 $l = 0$은 가능하다. $l = 0$이면 $m_l = 0$이 되므로 $m_l = 0$은 가능하다. m_s는 $\pm 1/2$을 가질 수 있으므로 $m_s = +1/2$은 가능하다. ∴ 이 집합은 가능하다.

② (O) $n = 2$이면 $l = 0, 1$을 가질 수 있으므로 $l = 1$은 가능하다. $l = 1$이면 $m_l = -1, 0, +1$을 가질 수 있으므로 $m_l = 1$은 가능하다. m_s는 $\pm 1/2$을 가질 수 있으므로 $m_s = -1/2$은 가능하다. ∴ 이 집합은 가능하다.

③ (O) $n = 3$이면 $l = 0, 1, 2$를 가질 수 있으므로 $l = 0$은 가능하다. $l = 0$이면 $m_l = 0$이 되므로 $m_l = 0$은 가능하다. m_s는 $\pm 1/2$을 가질 수 있으므로 $m_s = +1/2$은 가능하다. ∴ 이 집합은 가능하다.

④ (X) $n = 3$이면 $l = 0, 1, 2$를 가질 수 있으므로 $l = 2$는 가능하다. $l = 2$이면 $m_l = 0, \pm 1, \pm 2$를 가질 수 있으므로 $m_l = -3$은 불가능하다. ∴ 이 집합은 가능하지 않다.

⑤ (O) $n = 4$이면 $l = 0, 1, 2, 3$을 가질 수 있으므로 $l = 3$은 가능하다. $l = 3$이면 $m_l = 0, \pm 1, \pm 2, \pm 3$을 가질 수 있으므로 $m_l = -2$는 가능하다. m_s는 $\pm 1/2$을 가질 수 있으므로 $m_s = +1/2$은 가능하다. ∴ 이 집합은 가능하다.

2.11 ⑤

①~③: $2s$에 먼저 전자가 짝을 지으며 완전히 채워져 함에도 $2s$에 전자가 하나만 들어간 후 $2p$에 전자가 배치되었다. (쌓임 원리 위배)

④: $2p$에 전자가 들어갈 때는 p_z, p_x, p_y에 먼저 하나씩 채워진 후 짝을 이뤄야 한다. (훈트 규칙 위배)

2.12 ⑤

① (O) He는 전자 배치가 $1s^2$로 모든 전자가 짝짓고 있다.

② (O) Be는 전자 배치가 $[He]2s^2$로 모든 전자가 짝짓고 있다.

③ (O) Na는 전자 배치가 $[Ne]3s^1$로 짝짓지 않은 전자는 1개이다.

④ (O) Al은 전자 배치가 $[Ne]3s^2 3p^1$로 짝짓지 않은 전자는 1개이다.

⑤ (X) F는 전자 배치가 $[He]2s^2 2p^5 (2p_z^2 2p_x^2 2p_y^1)$로 짝짓지 않은 전자는 1개이다.

3. 원소의 주기율표

3.1 ④

① (O) 원소의 주기성은 원자 번호에 따라 결정된다. 원자량 순서는 원자 번호 순서와 유사하지만 반드시 일치하지는 않는다. 이것이 멘델레예프의 주기율표에서 원자량 순서가 바뀌는 경우가 나타나는 이유이다.

② (O) 주기율표에서 상하로 같은 열을 '족'이라 하고, 좌우로 같은 행을 '주기'라 한다.

③ (O) 현대 주기율표에서 1, 2, 13~18족은 '전형 원소(A족)'이고, 3~12족은 '전이 원소(B족)'이다.

④ (X) 멘델레예프는 원자량 순으로 원소를 배열하고 1~8족까지를 두었으나, 옥타브 법칙을 따른 것은 아니다. 또한, 멘델레예프의 주기율표는 일부 빈칸을 남겨두었는데, 이 빈칸은 아직 발견되지 않은 원소들을 위한 것이었다.

⑤ (O) 옥타브 법칙은 원자량 순으로 배열했을 때, 여덟 번째마다 유사한 성질의 원소가 나타난다는 것을 말한다.

3.2 (1) C(2주기 14족): 2 + 4 = **6**

(2) Mg(3주기 2족): (2 + 8) + 2 = **12**

(3) P(3주기 15족): (2 + 8) + 5 = **15**

(4) K(4주기 1족): (2 + 8 + 8) + 1 = **19**

(5) Ge(4주기 14족): (2 + 8 + 8) + 14 = **32**

3.3 (1) Na(원자 번호 = 11): 11 = (2 + 8) + 1 ∴ **3주기 1족**

(2) Cl(원자 번호 = 17): 17 = (2 + 8) + 7 ∴ **3주기 17족**

(3) Ca(원자 번호 = 20): 20 = (2 + 8 + 8) + 2 ∴ **4주기 2족**

(4) I(원자 번호 = 53): 53 = (2 + 8 + 8 + 18) + 17 ∴ **5주기 17족**

(5) Pt(원자 번호 = 78): 78 = (2 + 8 + 8 + 18 + 18) + (2 + (14) + 8) ∴ **6주기 10족**

3.4 ②, ④

② 같은 주기 원소는 족수가 커질수록 작아진다.

④ 같은 주기에서 원자 번호가 증가하면 같은 궤도함수에 채워진 전자 수가 증가하여 전

자 간 반발력이 커지는 것은 사실이다. 그러나 **전자 간 반발력보다 유효 핵전하의 증가에 따른 핵과 전자 간의 인력의 세기가 더 커서 원자는 작아진다.**

3.5 ③. 1족에 속하는 원소 중 수소는 금속이 아니라 비금속이다. 그러므로 '1족과 2족에 속하는 원소들은 모두 금속이며'는 옳지 않다.

3.6 (1) ns^2 (2) ns^2np^5 (3) ns^2np^6 (4) ns^2np^2

3.7 (1) **2주기 17족(7A족), F**

2주기의 마지막 원소 He에 전자가 꽉 차고 7개의 전자가 더 있으므로 2주기 17족(7A족) 원소이다. 17족의 첫 번째 원소는 불소이므로 원소 기호는 F이다.

(2) **3주기 13족(3A족), Al**

2주기의 마지막 원소 Ne에 전자가 꽉 차고 3개의 전자가 더 있으므로 3주기 13족(3A족) 원소이다. 13족의 두 번째 원소는 알루미늄이므로 원소 기호는 Al이다.

(3) **3주기 16족(6A족), S**

2주기의 마지막 원소 Ne에 전자가 꽉 차고 6개의 전자가 더 있으므로 3주기 16족(6A족) 원소이다. 16족의 두 번째 원소는 황이므로 원소 기호는 S이다.

(4) **4주기 15족(5A족), As**

3주기의 마지막 원소 Ar에 전자가 꽉 차고 15개의 전자가 더 있으므로 4주기 15족(5A족) 원소이다. 15족의 세 번째 원소는 비소이므로 원소 기호는 As이다.

(5) **4주기 17족(7A족), Br**

3주기의 마지막 원소 Ar에 전자가 꽉 차고 17개의 전자가 더 있으므로 4주기 17족(7A족) 원소이다. 17족의 세 번째 원소는 브롬이므로 원소 기호는 Br이다.

3.8 (1) **6개**. 산소는 16족 원소이므로 6개의 원자가 전자를 가지고 있다.

(2) **4개**. 규소는 14족 원소이므로 4개의 원자가 전자를 가지고 있다.

(3) **4개**. 원자 번호 34이므로 Se 원자는 전자를 34개 가지고 있다. 그러므로 주기율표의 주기 당 원소 수를 활용하여 전자 수를 배정하면 다음과 같이 된다.

[1주기 = 2, 2주기 = 8, 3주기 = 8], 4주기 = 16

따라서 Se의 전자 배치는 [Ar]$4s^2 3d^{10} 4p^4$이다. ∴ $4p$ 궤도함수의 전자 수는 4개이다.

3.9 ⑤

(ㄱ) $2s$에 2개와 $2p$에 4개의 전자를 가지고 있어 원자가 전자가 총 6개있다. 그러므로 16족 원소이다.

(ㄴ) $2s$에 2개와 $2p$에 5개의 전자를 가지고 있어 원자가 전자가 총 7개있다. 그러므로 17족 원소이다.

(ㄷ) $4s$에 2개와 $3d$에 5개의 전자를 가지고 있어 4주기 원소이면서 원자가 전자가 총 7개있다. 그러므로 7족 원소이다.

(ㄹ) $4s$에 2개와 $3d$에 10개, $4p$에 5개의 전자를 가지고 있어 4주기 원소이면서 원자가 전자가 총 17개있다. 그러므로 17족 원소이다.

∴ 같은 족에 속하는 원소는 '(ㄴ)'과 '(ㄹ)'이므로, 화학적 성질이 비슷한 쌍으로 묶인 것은 ⑤번이다.

3.10 Be: 2주기 2족 원소, F: 2주기 17족 원소. Be와 F는 같은 주기 원소들이다. 그러므로 2족 원소인 Be가 17족 원소인 F보다 크다. Be > F

Na: 3주기 1족 원소, Mg: 3주기 2족 원소. Na와 Mg는 같은 주기 원소들이다. 그러므로 1족 원소인 Na가 2족 원소인 Mg보다 크다. Na > Mg

Be: 2주기 2족 원소, Mg: 3주기 2족 원소. Be와 Mg는 같은 족 원소들이다. 그러므로 3주기 원소인 Mg가 2주기 원소인 Be보다 크다. Mg > Be

∴ **Na > Mg > Be > F**

4. 원소의 성질과 반응성

4.1 (1) 이온화 에너지는 같은 족에서는 주기수가 증가할수록 작아진다. 이 경우에 모든 원소가 18족의 원소이다. ∴ **He > Ne > Ar > Kr > Xe**

(2) 모든 원소가 1족의 원소이다. ∴ **Li > Na > K > Rb > Cs**

(3) 이온화 에너지는 같은 주기에서는 족수가 증가할수록 일반적으로 커진다. 그러나 〈그림 4.1〉에서 볼 수 있듯이, 2족과 13족 사이, 15족과 16족 사이에서는 1차 이온화 에너지의 증가 경향이 역전된다. 그러므로, 다음과 같은 차례로 이온화 에너지 크기 순서를 추론할 수 있다.

첫째, 2족 원소인 Be의 경우, 첫 번째 전자가 짝을 이룬 $2s^2$ 궤도함수에서 제거되는 반면, B는 전자 배치가 $2s^22p^1$으로 첫 번째 전자가 하나만 채워진 $2p$ 궤도함수에서 제거되기 때문이다. 따라서 B보다 Be의 1차 이온화 에너지가 크다(Be > B).

둘째, 15족 원소인 N은 전자 배치는 $[He]2s^22p^3$이고, 16족 원소인 O는 전자 배치가 $[He]2s^22p^4$이다. O의 경우, $2p$ 궤도함수의 네 번째 전자가 이미 다른 전자가 채워진 $2p$ 궤도함수에 들어가므로 전자 간 반발력이 증가하여, 3개의 $2p$ 궤도함수에 전자가 각각 하나씩만 채워져 있는 N보다 쉽게 제거될 수 있다. 따라서 N의 1차 이온화 에너지가 O보다 크다(N > O).

따라서, 1차 이온화 에너지의 크기 순서는 **N > O > C > Be > B**이다.

4.2 (1) 전자 친화도는 같은 족에서는 주기수가 증가할수록 작아진다. 이 경우에 모든 원소가 1족의 원소이다. ∴ **Li > Na > K > Rb > Cs**

(2) 전자 친화도는 같은 족에서는 주기수가 증가할수록 작아지고, 같은 주기에서는 족수가 증가할수록 커진다. 그러므로 다음과 같은 순서로 전자 친화도 크기 순서를 추론할 수 있다.

첫째, O와 S는 같은 족이면서 O는 2주기 S는 3주기 원소이므로, S가 O보다 전자 친화도가 작다(O > S).

둘째, F, Cl, Br은 같은 족이면서 각각 2, 3, 4주기 원소이므로, 전자 친화도는 F, Cl, Br 순으로 작아진다(F > Cl > Br).

셋째, O와 F, S와 Cl은 같은 주기이면서 O와 S는 16주기, F와 Cl은 17주기 원소이므로 전자 친화도는 F는 O보다 크고, Cl은 S보다 크다(F > O, Cl > S).

넷째, 여기에서 O와 Cl 원소 간의 전자 친화도 크기는 O가 Cl보다 크다(O > Cl). 그러므로 F > O > Cl > S이다.

다섯째, 끝으로 S와 Br 원소 간의 전자 친화도 크기는 Br이 S보다 크다(Br > S).

따라서 전자 친화도의 크기 순서는 **F > O > Cl > Br > S**이다.

(3) B, Si, Ge는 준금속 원소들이다. 이들 가운데 B는 2주기, Si는 3주기, Ge는 4주기 원소이다. 그러므로 전자 친화도의 크기 순서는 **B > Si > Ge**이다.

4.3 ④. 전자 친화도가 작아지면 음이온이 되기 어려워진다.

4.4 (1) 〈그림 4.3〉에서 준금속 영역에서 왼쪽으로 멀리 떨어진 순서대로 나열하면 K, Ca, Mg, Be이다. ∴ 금속성의 크기는 **K > Ca > Mg > Be** 순이다.

(2) 〈그림 4.3〉에서 준금속 영역을 기준으로 왼쪽에서 시작해서 오른쪽으로 멀리 떨어진

순서로 나열하면 Li, Al, As, I, Br이다. ∴ 금속성의 크기는 **Li > Al > As > I > Br** 순이다.

4.5 ③. 준금속은 금속과 비금속의 중간 성질을 가지는 물질로, 금속처럼 비금속과 활발하게 반응하지는 않는다. 준금속은 특정 조건에 부합하는 경우에만 비금속과 반응한다.

4.6 (1) I_2. Li는 1족 원소로, 최외각에 1개의 전자가 있다. 따라서 2차 이온화 에너지에서 이전 이온화 에너지보다 크게 증가한다.

(2) I_4. B는 13족 원소로, 최외각에 3개의 전자가 있다. 따라서 4차 이온화 에너지에서 이전 이온화 에너지보다 크게 증가한다.

(3) I_7. O는 16족 원소로, 최외각에 6개의 전자가 있다. 따라서 7차 이온화 에너지에서 이전 이온화 에너지보다 크게 증가한다.

(4) I_8. F는 17족 원소로, 최외각에 7개의 전자가 있다. 따라서 8차 이온화 에너지에서 이전 이온화 에너지보다 크게 증가한다.

(5) I_9. Ne는 18족 원소로, 최외각에 8개의 전자가 있다. 따라서 9차 이온화 에너지에서 이전 이온화 에너지보다 크게 증가한다.

4.7 (1) **K**. 모두 1족 원소이다. 따라서 1족에서 가장 아래에 있는 K가 금속성이 가장 크다.

(2) **Na**. 모두 3주기 원소이다. 따라서 가장 왼쪽에 있는 Na가 금속성이 가장 크다.

(3) **K**. 준금속 영역으로부터 왼쪽으로 가장 멀리 있는 것은 K이다. 따라서 K가 금속성이 가장 크다.

(4) **F**. 모두 2주기 원소이다. 따라서 가장 오른쪽에 있는 F가 비금속성이 가장 크다.

(5) **F**. 모두 17족 원소이다. 따라서 가장 위쪽에 있는 F가 비금속성이 가장 크다.

(6) **Cl**. 준금속 영역으로부터 오른쪽으로 가장 멀리 있는 것은 Cl이다. 따라서 Cl이 비금속성이 가장 크다.

4.8 ④. 주기율표에서 대각선으로 연결되는 것은 Be와 Al이다. 따라서 Be와 Al의 화학적 성질이 가장 비슷하다.

※ 〈그림 4.3〉을 보면, 준금속들은 주기율표에서 대각선 방향으로 배열되어 있다. 이와 같이, 주기율표에서 준금속들의 대각선과 평행하게 위치한 다른 원소들도 비슷한 화학적 성질을 가진다.

찾아보기

원소명, 원소 기호, 원자 번호

원소명		원소 기호	원자 번호	원소명		원소 기호	원자 번호
국문*	영문			국문*	영문		
가돌리늄	Gadolinium	Gd	64	리튬	Lithium	Li	3
갈륨	Gallium	Ga	31	마그네슘	Magnesium	Mg	12
게르마늄	Germanium	Ge	32	마이트너륨	Meitnerium	Mt	109
구리	Copper	Cu	29	망간	Manganese	Mn	25
규소	Silicon	Si	14	멘델레븀	Mendelevium	Md	101
금	Gold	Au	79	모스코븀	Moscovium	Mc	115
나트륨	Sodium	Na	11	몰리브덴	Molybdenum	Mo	42
납	Lead	Pb	82	바나듐	Vanadium	V	23
네오디뮴	Neodymium	Nd	60	바륨	Barium	Ba	56
네온	Neon	Ne	10	백금	Platinum	Pt	78
넵투늄	Neptunium	Np	93	버클륨	Berkelium	Bk	97
노벨륨	Nobelium	No	102	베릴륨	Beryllium	Be	4
니오브	Niobium	Nb	41	보륨	Bohrium	Bh	107
니켈	Nickel	Ni	28	불소	Fluorine	F	9
니호늄	Nihonium	Nh	113	붕소	Boron	B	5
다름슈타튬	Darmstadtium	Ds	110	브롬	Bromine	Br	35
더브늄	Dubnium	Db	105	비소	Arsenic	As	33
디스프로슘	Dysprosium	Dy	66	비스무트	Bismuth	Bi	83
라돈	Radon	Rn	86	사마륨	Samarium	Sm	62
라듐	Radium	Ra	88	산소	Oxygen	O	8
란탄	Lanthanum	La	57	세륨	Cerium	Ce	58
러더포듐	Rutherfordium	Rf	104	세슘	Caesium	Cs	55
레늄	Rhenium	Re	75	셀렌	Selenium	Se	34
로듐	Rhodium	Rh	45	수소	Hydrogen	H	1
로렌슘	Lawrencium	Lr	103	수은	Mercury	Hg	80
뢴트게늄	Roentgenium	Rg	111	스칸듐	Scandium	Sc	21
루비듐	Rubidium	Rb	37	스트론튬	Strontium	Sr	38
루테늄	Ruthenium	Ru	44	시보귬	Seaborgium	Sg	106
루테튬	Lutetium	Lu	71	아르곤	Argon	Ar	18
리버모륨	Livermorium	Lv	116	아메리슘	Americium	Am	95

원소명		원소 기호	원자 번호	원소명		원소 기호	원자 번호
국문*	영문			국문*	영문		
아스타틴	Astatine	At	85	퀴륨	Curium	Cm	96
아연	Zinc	Zn	30	크롬	Chromium	Cr	24
아인슈타이늄	Einsteinium	Es	99	크립톤	Krypton	Kr	36
악티늄	Actinium	Ac	89	크세논	Xenon	Xe	54
안티몬	Antimony	Sb	51	탄소	Carbon	C	6
알루미늄	Aluminium	Al	13	탄탈륨	Tantalum	Ta	73
어븀	Erbium	Er	68	탈륨	Thallium	Tl	81
염소	Chlorine	Cl	17	텅스텐	Tungsten	W	74
오가네손	Oganesson	Og	118	테네신	Tennessine	Ts	117
오스뮴	Osmium	Os	76	테르븀	Terbium	Tb	65
요오드	Iodine	I	53	테크네튬	Technetium	Tc	43
우라늄	Uranium	U	92	텔루르	Tellurium	Te	52
유로퓸	Europium	Eu	63	토륨	Thorium	Th	90
은	Silver	Ag	47	툴륨	Thulium	Tm	69
이리듐	Iridium	Ir	77	티탄	Titanium	Ti	22
이터븀	Ytterbium	Yb	70	팔라듐	Palladium	Pd	46
이트륨	Yttrium	Y	39	페르뮴	Fermium	Fm	100
인	Phosphorus	P	15	폴로늄	Polonium	Po	84
인듐	Indium	In	49	프라세오디뮴	Praseodymium	Pr	59
주석	Tin	Sn	50	프랑슘	Francium	Fr	87
지르코늄	Zirconium	Zr	40	프로메튬	Promethium	Pm	61
질소	Nitrogen	N	7	프로탁티늄	Protactinium	Pa	91
철	Iron	Fe	26	플레로븀	Flerovium	Fl	114
카드뮴	Cadmium	Cd	48	플루토늄	Plutonium	Pu	94
칼륨	Potassium	K	19	하슘	Hassium	Hs	108
칼슘	Calcium	Ca	20	하프늄	Hafnium	Hf	72
캘리포늄	Californium	Cf	98	헬륨	Helium	He	2
코발트	Cobalt	Co	27	홀뮴	Holmium	Ho	67
코페르니슘	Copernicium	Cn	112	황	Sulfur	S	16

* 국어 사전에 등재된 원소명.